ぐーんっと やさしく

JN025248

◆登場キャラクター◆

増太郎（ますたろう）
算術の里で算術上忍になるため，修行にはげむ。

数々丸（すずまる）
増太郎の友達。食いしんぼう。

数魔小太郎（すうまこたろう）
増太郎たちの師匠。算術の里に古くから住む。

→ここから読もう！

※算術上忍…数学をマスターした忍者の最高ランク。

もくじ

本書の使い方

中学2年生は…

テスト前の学習や，授業の復習として使おう！

中学3年生は…

中学２年の復習に。苦手な部分をこれで解消！！

左の まとめページ と，右の 問題ページ で構成されています。

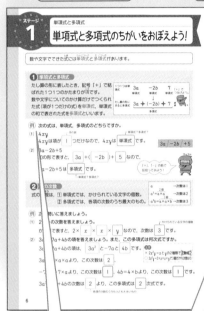
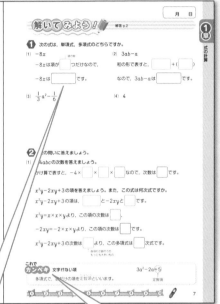

例

この単元の問題の解き方を確認しよう。

解いてみよう！

まずは穴うめで確認してから，自分の力で解いてみよう。

これで
カンペキ

疑問に思いやすいことや覚えておくと役立つことをのせているよ。

確認テスト

章の区切りごとに「確認テスト」があります。
テスト形式なので，学習したことが身についたかチェックできます。

章末 「数魔小太郎からの挑戦状」
すうまこたろう　　　　　ちょうせんじょう

ちょっと難しい問題をのせました。
最後の確認にピッタリ！

別冊解答

解答は本冊の縮小版になっています。

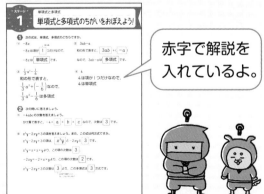

赤字で解説を入れているよ。

式の計算

　はじめの修行は「式の国」。

　文字を使った式に慣れる修行だ。中学1年のときより使う文字の数が増えているぞ。

　式の説明や等式の変形は最大の試練。

　この試練を乗り越えて，洞窟の奥に隠された「式の巻」をゲットしよう！

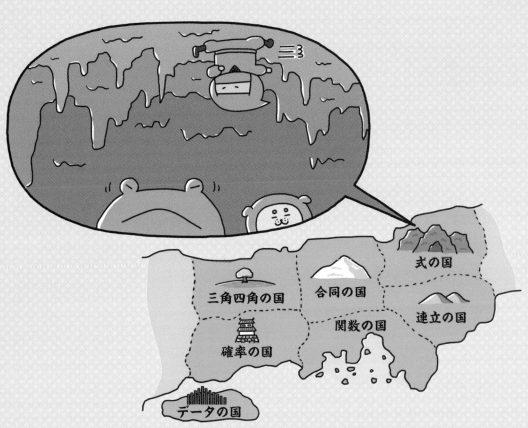

単項式と多項式のちがいをおぼえよう！

数や文字でできた式には単項式と多項式があります。

❶ 単項式と多項式

たし算の形に表したとき，記号「＋」で結ばれた１つ１つのかたまりが項です。
数や文字についてのかけ算だけでつくられた式（項が１つだけの式）を単項式，単項式の和で表された式を多項式といいます。

1つ1つは単項式

$3a$（単項式）　$-2b$（単項式）　7（単項式）　「＋」でつなげよう。

たし算の形にすると多項式
$3a ＋ (-2b) ＋ 7$
多項式

例 次の式は，単項式，多項式のどちらですか。

(1) $4xy$

$4xy$ は項が $\boxed{1}$ つだけなので，$4xy$ は $\boxed{単項式}$ です。

項の数

単項式？多項式？

(2) $3a-2b+5$

和の形で表すと，$\boxed{3a} ＋(\boxed{-2b})＋ \boxed{5}$ なので，

$3a-2b+5$ は $\boxed{多項式}$ です。

単項式？多項式？

$3a \mid -2b \mid +5$

「＋」，「ー」の前で区切ってみよう！

❷ 式の次数

式の次数は，① 単項式では，かけられている文字の個数。
② 多項式では，各項の次数のうち最大のもの。

a →次数は1

$a^2=\overbrace{a \times a}^{2個}$ →次数は2

$a^2b=\overbrace{a \times a \times b}^{3個}$ →次数は3

例 次の問いに答えましょう。

(1) $2x^2y$ の次数を答えましょう。

かけ算で表すと，$2 \times \boxed{x} \times \boxed{x} \times \boxed{y}$ なので，次数は $\boxed{3}$ です。

かけられている文字の個数

(2) $3a^2-7a+4b$ の項を答えましょう。また，この多項式は何次式ですか。

$3a^2-7a+4b$ の項は，$\boxed{3a^2}$ と $-7a$ と $\boxed{4b}$ です。

注意
× $2x^2y$ → x と y の2種類で次数は2
○ $2x^2y$ → $2 \times x \times x \times y$ で3個だから次数は3

$3a^2=3 \times a \times a$ より，この次数は $\boxed{2}$ ，

$-7a=-7 \times a$ より，この次数は $\boxed{1}$ ，$4b=4 \times b$ より，この次数は $\boxed{1}$ です。

$3a^2-7a+4b$ の次数は $\boxed{2}$ より，この多項式は $\boxed{2}$ 次式です。

各項の次数のうちもっとも大きいもの

解いてみよう！

解答 p.2

1 次の式は，単項式，多項式のどちらですか。

(1) $-8x$

項の数

$-8x$は項が □ つだけなので，

$-8x$は □ です。

(2) $3ab-a$

和の形で表すと，□ ＋（ □ ）

なので，$3ab-a$は □ です。

(3) $\dfrac{1}{3}a^2-\dfrac{1}{6}$

(4) 4

2 次の問いに答えましょう。

(1) $-4abc$の次数を答えましょう。

かけ算で表すと，$-4\times$ □ $\times$ □ $\times$ □ なので，次数は □ です。

(2) $x^2y-2xy+3$の項を答えましょう。また，この式は何次式ですか。

$x^2y-2xy+3$の項は，□ と$-2xy$と □ です。

$x^2y=x\times x\times y$より，この項の次数は □ ，

$-2xy=-2\times x\times y$より，この項の次数は □ です。

$x^2y-2xy+3$の次数は □ より，この多項式は □ 次式です。

各項の次数のうち
もっとも大きいもの

これで
カンペキ 文字がない項

多項式で，数だけの項を定数項といいます。

$3a^2-2a\boxed{+5}$

定数項

2 同類項をまとめよう！

文字の部分が同じ項を同類項といい，１つの項にまとめることができます。

❶ 同類項

$2x$と$-4x$のように文字の部分が同じ項を，同類項といいます。

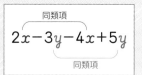

同類項
$$2x-3y-4x+5y$$
同類項

例 次の式で，同類項を答えましょう。

(1) $3a-5b+c-2a+3c$

この式の項は，$3a$，$\boxed{-5b}$，c，$\boxed{-2a}$，$\boxed{3c}$ だから，

同類項は，$3a$と$\boxed{-2a}$，cと$\boxed{3c}$ です。

$\underset{\text{部分が同じ項}}{\underset{3a\text{と文字の}}{\uparrow}}$ $\underset{\text{部分が同じ項}}{\underset{c\text{と文字の}}{\uparrow}}$

同類項がない項もあるね。

(2) $2x^2+3x-5x^2+x$

この式の項は，$2x^2$，$\boxed{3x}$，$\boxed{-5x^2}$，$\boxed{x}$ だから，

同類項は，$2x^2$と$\boxed{-5x^2}$，$3x$と$\boxed{x}$ です。

$\underset{\text{部分が同じ項}}{\underset{2x^2\text{と文字の}}{\uparrow}}$ $\underset{\text{部分が同じ項}}{\underset{3x\text{と文字の}}{\uparrow}}$

❷ 同類項をまとめる

同類項は，分配法則を使ってまとめることができます。

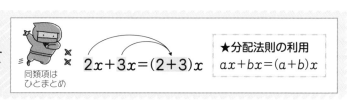

同類項はひとまとめ $2x+3x=(2+3)x$

★分配法則の利用
$ax+bx=(a+b)x$

例 $4x+5y-3x+8y$を計算しましょう。

$4x+5y-3x+8y$ ← 項を並べかえます

$=4x-3x+5y+8y$ ← 同類項をまとめます

★同類項をまとめる
文字の部分が同じ項は，計算してまとめます。

$=(\boxed{4-3})x+(\boxed{5+8})y$

$\underset{x\text{の項をまとめます}}{}$ $\underset{y\text{の項をまとめます}}{}$

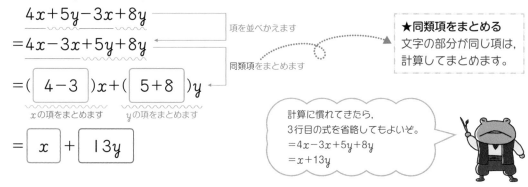

計算に慣れてきたら，
3行目の式を省略してもよいぞ。
$=4x-3x+5y+8y$
$=x+13y$

$=\boxed{x}+\boxed{13y}$

1 次の式で，同類項を答えましょう。

(1) $6x+7y-x+2y$

この式の項は，$6x$，$7y$，

[　　]，[　　]

同類項は，$6x$と[　　]，

$7y$と[　　]です。

(2) $5a-2b+4b+3a$

(3) $4ab+11c-8ab-7c$

この式の項は，$4ab$，$11c$，

[　　]，[　　]

同類項は，$4ab$と[　　]，

$11c$と[　　]です。

(4) $x^2y+2xy-3xy+6x^2y$

2 次の計算をしましょう。

(1) $5a-2b+4b+2a$

$=5a+2a-2b+4b$

$=($[　　]$)a+($[　　]$)b$

<u>aの項をまとめます</u>　<u>bの項をまとめます</u>

$=$[　　]$+$[　　]

(2) $-3a^2+6ab-9ab+8a^2$

これで

カンペキ 文字が同じで同類項？

aとa^2は同じ文字aをふくんでいますが，同類項ではありません。

文字の個数（次数）を確認しましょう。

a　　　　　→文字が1個

$a^2=a\times a$→文字が2個

$a+a^2$をまとめることはできない！

多項式のたし算・ひき算をしよう!

多項式のたし算では，かっこをそのままはずして，同類項をまとめます。
多項式のひき算では，かっこをはずすときに，ひく式の各項の符号を変えます。

❶ 多項式の加法

（　　　）の前の符号が＋の場合は，そのまま
（　　　）をはずして計算できます。

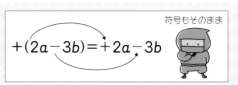

符号もそのまま

$+(2a-3b)=+2a-3b$

例　次の計算をしましょう。

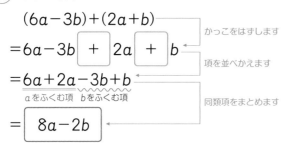

$(6a-3b)+(2a+b)$

$=6a-3b\ \boxed{+}\ 2a\ \boxed{+}\ b$　　　かっこをはずします

$=6a+2a-3b+b$　　　項を並べかえます
　　aをふくむ項　bをふくむ項

$=\boxed{8a-2b}$　　　同類項をまとめます

$6a+2a=(6+2)a=8a$
$-3b+b=(-3+1)b=-2b$
とまとめられるんじゃった。

❷ 多項式の減法

（　　　）の前の符号が－の場合は，
（　　　）の中の項の符号を変えて，かっこ
をはずして計算することができます。

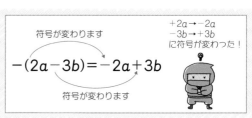

符号が変わります

$-(2a-3b)=-2a+3b$

符号が変わります

$+2a\rightarrow-2a$
$-3b\rightarrow+3b$
に符号が変わった!

例　次の計算をしましょう。

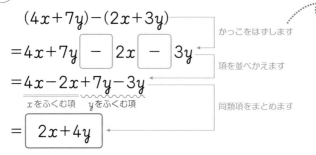

$(4x+7y)-(2x+3y)$

$=4x+7y\ \boxed{-}\ 2x\ \boxed{-}\ 3y$　　　かっこをはずします

$=4x-2x+7y-3y$　　　項を並べかえます
　　xをふくむ項　yをふくむ項

$=\boxed{2x+4y}$　　　同類項をまとめます

★－（　）のかっこのはずし方
$-(2x+3y)$のかっこの中の
項の符号を変えて，かっこを
はずします。

★文字式の筆算
同類項が上下にそろうように並べて計算することもできます。

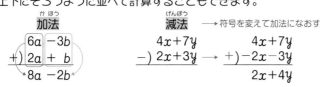

加法
$\begin{array}{r}6a\ -3b\\ +)\ 2a\ +\ b\\ \hline 8a\ -2b\end{array}$

減法　　→符号を変えて加法になおす
$\begin{array}{r}4x+7y\\ -)\ 2x+3y\end{array}$ → $\begin{array}{r}4x+7y\\ +)-2x-3y\\ \hline 2x+4y\end{array}$

解いてみよう！

解答 p.2

1 次の計算をしましょう。

(1) $(3a+b)+(a+4b)$ ← かっこをはずします

$=3a+b+\boxed{}$

← 項を並べかえます

$=\underset{a をふくむ項}{\underline{\underline{3a+a}}}+\underset{b をふくむ項}{\underline{\underline{b+4b}}}$

← 同類項をまとめます

$=\boxed{}$

(2) $\begin{array}{r} -2a-4b \\ +)\ \ 3a+\ \ b \\ \hline \end{array}$

2 次の計算をしましょう。

(1) $(x+3y)-(4x-5y)$ ← かっこをはずします

$=x+3y\boxed{}$

← 項を並べかえます

$=\underset{x をふくむ項}{\underline{\underline{x-4x}}}+\underset{y をふくむ項}{\underline{\underline{3y+5y}}}$

← 同類項をまとめます

$=\boxed{}$

(2) $\begin{array}{r} 8x-7y \\ -)\ 6x-4y \\ \hline \end{array}$

これで カンペキ 項が増えても大丈夫！

多項式の項の数が増えてもかっこのはずし方は変わりません。

$(x^2+2x-4)-(2x^2-3x+1)$
$=x^2+2x-4-2x^2+3x-1$
$=x^2-2x^2+2x+3x-4-1$ ┐同類項をまとめます
$=-x^2+5x-5$ ←

ステージ 4 多項式と数のかけ算・わり算をしよう！

多項式と数のわり算は，逆数のかけ算になおします。

❶ 多項式と数の乗法

分配法則を使って，かっこをはずします。

★分配法則
$a(b+c)=ab+ac$

数をかっこの中のすべての項にかけるのじゃ！

例 次の計算をしましょう。

(1) $3(2x-y)$

分配法則を使ってかっこをはずします

★分配法則
$a(b+c)=ab+ac$
注意 後ろの項にかけわすれないように注意しましょう。

$=3\times \boxed{2x}+3\times (\boxed{-y})$

$=\boxed{6x}-\boxed{3y}$

①$3\times 2x$ ②$3\times (-y)$

(2) $(a-5b)\times (-2)$

分配法則を使ってかっこをはずします

$=a\times (\boxed{-2})-5b\times (\boxed{-2})$

$=\boxed{-2a}+\boxed{10b}$

①$a\times (-2)$ ②$-5b\times (-2)$

数のときと同じように分配法則が使えるね。

❷ 多項式と数の除法

わる数を逆数にして，かけ算になおします。

忍法「乗法に変えるの術」

$\div a$

$\times \dfrac{1}{a}$

例 $(8x-12y)\div 4$を計算しましょう。

$(8x-12y)\div 4$

÷4を逆数のかけ算になおします

$=(8x-12y)\times \boxed{\dfrac{1}{4}}$

分配法則を使ってかっこをはずします

$=8x\times \boxed{\dfrac{1}{4}}-12y\times \boxed{\dfrac{1}{4}}$

$=\boxed{2x}-\boxed{3y}$

★別の解き方
次のように計算することもできます。

$(8x-12y)\div 4$
$=\dfrac{8x}{4}-\dfrac{12y}{4}$
$=2x-3y$

解いてみよう！

解答 p.2

1 次の計算をしましょう。

(1)　$2(6a-5b)$

$$= 2 \times \boxed{} + 2 \times (\boxed{})$$
　　　　①　　　　　　　②

$$= \boxed{}$$

(2)　$\dfrac{1}{3}(15x-9y)$

(3)　$(5x-3y) \times (-2)$

$$= 5x \times (\boxed{}) - 3y \times (\boxed{})$$
　　　　　①　　　　　　　②

$$= \boxed{}$$

(4)　$(8a-16b+2) \times \dfrac{1}{2}$

2 次の計算をしましょう。

(1)　$(15a+35b) \div 5$

$$= (15a+35b) \times \boxed{}$$
　　　①　　　　②

$$= 15a \times \boxed{} + 35b \times \boxed{}$$
　　　　　①　　　　　　　②

$$= \boxed{}$$

(2)　$(10x+8y) \div \left(-\dfrac{2}{3}\right)$

これで カンペキ　逆数ってどんな数？

　2つの数の積が1になるとき，一方の数を，もう一方の数の逆数といいます。

$\dfrac{2}{3}$ の逆数は $\dfrac{3}{2}$ → $\dfrac{2}{3} \times \dfrac{3}{2} = 1$

7 の逆数は $\dfrac{1}{7}$ → $7 \times \dfrac{1}{7} = 1$

逆数をかければ1になる！

 $\times$ $=1$

5 いろいろな式の計算をマスターしよう!

複雑な式の計算でも, 今までに習ったことを使えば答えを求めることができます。

❶ 長い式の計算

多項式と数のかけ算では, 分配法則を使ってかっこをはずして計算します。

$$-2\overparen{(2a-3b)} = -4a+6b$$

負の数をかけるときは, 符号に注意!!

(例) $2(4a-7b)-3(2a-3b)$ を計算しましょう。

$$2\overparen{(4a-7b)}-3\overparen{(2a-3b)}$$

①②③④

$$=8a \boxed{-14b} \boxed{-6a} \boxed{+9b}$$

①②③④

分配法則を使ってかっこをはずします

$$=8a-6a-14b+9b$$

同類項をまとめます

$$= \boxed{2a-5b}$$

落ち着いて, 計算しよう。

❷ 分数をふくむ式の計算

分数をふくむ式の場合は, 分母を通分して計算します。

(例) $\dfrac{3x-2y}{4} - \dfrac{2x-y}{3}$ を計算しましょう。

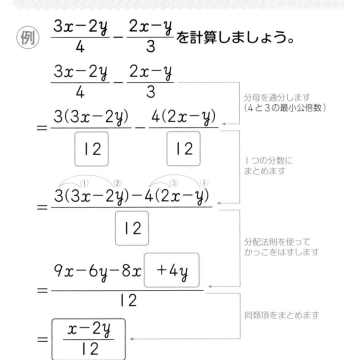

$$\dfrac{3x-2y}{4} - \dfrac{2x-y}{3}$$

分母を通分します (4と3の最小公倍数)

$$= \dfrac{3(3x-2y)}{\boxed{12}} - \dfrac{4(2x-y)}{\boxed{12}}$$

1つの分数にまとめます

$$= \dfrac{3\overparen{(3x-2y)}-4\overparen{(2x-y)}}{\boxed{12}}$$

①②③④

分配法則を使ってかっこをはずします

$$= \dfrac{9x-6y-8x\boxed{+4y}}{12}$$

同類項をまとめます

$$= \boxed{\dfrac{x-2y}{12}}$$

★分数をふくむ式

$\dfrac{3x-2y}{4} - \dfrac{2x-y}{3}$ の分母をはらうことはできません。

$$\dfrac{3x-2y}{4} - \dfrac{2x-y}{3}$$ ✕ 12をかける

$$=12\times\dfrac{3x-2y}{4}-12\times\dfrac{2x-y}{3}$$

$$=3(3x-2y)-4(2x-y)$$

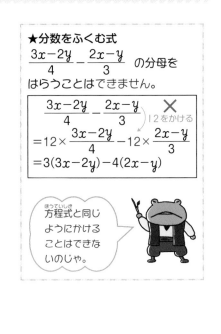

方程式と同じようにかけることはできないのじゃ。

解答 p.3

1 次の計算をしましょう。

(1) $6(3x+y)+2(x-4y)$

$= \boxed{} +6y+ \boxed{} -8y$

　①　　　②　　　③　　　④

$=18x+2x+6y-8y$

$= \boxed{}$

(2) $5(4a-2b)-7(2a-b)$

2 次の計算をしましょう。

(1) $\dfrac{3x+y}{4}+\dfrac{x-4y}{2}$

$= \dfrac{3x+y}{\boxed{}}+\dfrac{2(x-4y)}{\boxed{}}$

$= \dfrac{3x+y+2(x-4y)}{4}$

$= \dfrac{3x+y+2x-\boxed{}}{4}$

$= \boxed{}$

(2) $\dfrac{2a+b}{9}-\dfrac{2a-3b}{4}$

これで
カンペキ 見た目はちがっても同じ式

$\dfrac{1}{4}(3x-2y)-\dfrac{1}{3}(2x-y)$ を計算
するときもまとめて分母を通分する
ことができます。

$\dfrac{1}{4}(3x-2y)-\dfrac{1}{3}(2x-y)$

$=\dfrac{1}{4}\times(3x-2y)-\dfrac{1}{3}\times(2x-y)$

$=\dfrac{3x-2y}{4}-\dfrac{2x-y}{3}$

②の例と同じ式に
なるね。

単項式のかけ算をしよう!

単項式のかけ算は係数どうし，文字どうしをかけます。

1 単項式の乗法

単項式のかけ算は，係数どうしの積に文字どうしの積をかけて計算します。

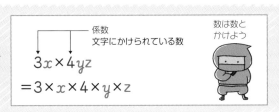

係数
文字にかけられている数

数は数とかけよう

$$3x \times 4yz$$
$$= 3 \times x \times 4 \times y \times z$$

例 $3a \times (-2b)$

$= 3 \times (\boxed{-2}) \times a \times \boxed{b}$ ← 係数どうし，文字どうしをかけます

係数どうし　文字どうし

$= \boxed{-6ab}$

★単項式のかけ算
係数どうし，文字どうしで分けて計算します。

2 同じ文字のかけ算

同じ文字どうしの積は，指数を使って表します。

x^3 ← 指数
いくつかけ合わせたかを示す数

x を3回かけていること $(x \times x \times x)$ を表す。

例 次の計算をしましょう。

(1) $2x \times 5xy$

$= 2 \times x \times 5 \times x \times y$

$= 2 \times \boxed{5} \times x \times \boxed{x} \times y$ ← 係数どうし，文字どうしをかけます

係数どうし　文字どうし

同じ文字の積は指数を使って表します

$= \boxed{10x^2y}$

文字はアルファベット順に書くんだったね。

$a, b, c, \cdots, x, y, z$

(2) $(-4a)^2$

累乗は，かけ算の式になおします

$= (-4a) \times (\boxed{-4a})$

係数どうし，文字どうしをかけます

$= (-4) \times (\boxed{-4}) \times a \times \boxed{a}$

係数どうし　文字どうし

同じ文字の積は指数を使って表します

$= \boxed{16a^2}$

(2)は計算間違いに注意するのじゃ！

❶ 次の計算をしましょう。

(1) $(-8x) \times 9y$

$$= (\boxed{}) \times 9 \times \boxed{} \times y$$

<u>係数どうし</u>　　<u>文字どうし</u>

$$= \boxed{}$$

(2) $(-4a) \times (-7b)$

❷ 次の計算をしましょう。

(1) $6a^2 \times 3ab$

$$= 6 \times \boxed{} \times a \times 3 \times \boxed{} \times b$$

$$= \underbrace{6 \times 3}_{係数どうし} \times \underbrace{a \times a \times a \times b}_{文字どうし}$$

$$= \boxed{}$$

(2) $(-x^3y) \times (-2y)$

(3) $(-2x)^2$

$$= (-2x) \times (\boxed{})$$

$$= (-2) \times (\boxed{}) \times \boxed{} \times x$$

<u>係数どうし</u>　　　<u>文字どうし</u>

$$= \boxed{}$$

(4) $(-3a)^3$

これで
カンペキ 指数の位置で答えが変わる！

$(-2x)^2$ と $-2x^2$ はちがいます。
どの数（文字）が何回かけられているかを
確認しましょう。

$(-2x)^2$ は $(-2x)$ を2回かけています。
→ $(-2x)^2 = (-2x) \times (-2x) = 4x^2$
$-2x^2$ は -2 に x を2回かけています。
→ $-2x^2 = -2 \times x \times x$

単項式のわり算をしよう！

単項式のわり算は，逆数のかけ算になおして計算します。

❶ 単項式の除法

係数が整数のときは分数の形になおします。
係数に分数があるときはわる数を逆数にしてかけ算にします。

$$a \div b = \frac{a}{b}$$
$$a \div b = a \times \frac{1}{b}$$

例 次の計算をしましょう。

わられる数は分子

わる数は分母

(1) わられる式は分子

$20ab \div 5a = \dfrac{20ab}{5a}$

わる式は分母

$= \dfrac{\overset{4}{20} \times a \times b}{5 \times a}$

$= 4b$

係数どうし，
文字どうし
を約分します

わられる数が分子，
わる数が分母になるね。

(2) $24x^2 \div \dfrac{4}{5}x = 24x^2 \div \dfrac{4x}{5}$

$= 24x^2 \times \dfrac{5}{4x}$

わる数を逆数
にして乗法に
なおします

$= \dfrac{\overset{6}{24} \times x \times x \times 5}{4 \times x}$

$= 30x$

係数どうし，
文字どうし
を約分します

★分数の分数？

$24x^2 \div \dfrac{4}{5}x$ を(1)と同じように考えると，

$24x^2 \div \dfrac{4}{5}x = \dfrac{24x^2}{\dfrac{4}{5}x}$ となります。

このままでは，計算が大変なので，
分数でわるときは注意しましょう。

❷ 乗法と除法の混じった式の計算

わり算をすべてかけ算にしてから計算します。

$$a \div b \div c = a \times \frac{1}{b} \times \frac{1}{c}$$

わる数を逆数にして乗法になおします

例 $6a \times bc \div 2ac = 6a \times bc \times \dfrac{1}{2ac}$

$= \dfrac{\overset{3}{6} \times a \times b \times c}{2 \times a \times c}$

$= 3b$

約分します

★まとめて計算しよう

$6a \times bc \div 2ac = 6abc \div 2ac$
と計算することもできますが，
まとめて計算する方が簡単に
なることが多いです。

まとめて計算
するのじゃ！

 解答 p.3

1 次の計算をしましょう。

(1) $32ab \div (-8a)$ ── 分数の形で表します

$= \dfrac{32ab}{\boxed{}}$

$= -\dfrac{32 \times a \times b}{8 \times a}$ ── 係数どうし，文字どうしを約分します

$= \boxed{}$

(2) $15ab^2 \div \dfrac{5}{7}ab$

$= 15ab^2 \times \boxed{}$

$= \dfrac{15 \times a \times b \times b \times 7}{5 \times a \times b}$

$= \boxed{}$

2 次の計算をしましょう。

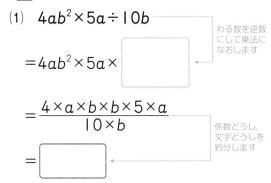

(1) $4ab^2 \times 5a \div 10b$ ── わる数を逆数にして乗法になおします

$= 4ab^2 \times 5a \times \boxed{}$

$= \dfrac{4 \times a \times b \times b \times 5 \times a}{10 \times b}$ ── 係数どうし，文字どうしを約分します

$= \boxed{}$

(2) $2x^2y \times 6y \div 3x$

これで
カンペキ あなたは分母？分子？

$\div \dfrac{4}{5}x$ を逆数になおすときに，$\times \dfrac{5}{4}x$ としてはいけません。

$\dfrac{4}{5}x$ は $\dfrac{4x}{5}$ なので，逆数は $\dfrac{5}{4x}$ です。$\dfrac{4}{5}x \times \dfrac{5}{4x} = 1$ になります。

式の値を簡単に求めよう!

式の値は，まず与えられた式を簡単にすると求めやすくなります。

1 式の値

式を簡単にしてから代入すると，計算しやすくなります。

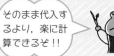
そのまま代入するより，楽に計算できるぞ!!

(例) 次の問いに答えましょう。

(1) $a=4$，$b=-3$のとき，$3(2a+b)-2(4a-b)$の値を求めましょう。

$$3(2a+b)-2(4a-b)=6a\boxed{+3b}-8a\boxed{+2b}$$

かっこをはずして，同類項をまとめます

$$=-2a+5b$$

文字に数を代入します
$a=4$，$b=-3$

$$=-2\times\boxed{4}+5\times(\boxed{-3})$$

$$=-8-15$$

$$=\boxed{-23}$$

★そのまま計算すると
$3(2a+b)-2(4a-b)$
$=3\{2\times4+(-3)\}-2\{4\times4-(-3)\}$
$=15-38$
$=-23$

(2) $a=3$，$b=-5$のとき，$12a^2b^2\div(-4ab)$の値を求めましょう。

$$12a^2b^2\div(-4ab)=-\dfrac{12a^2b^2}{\boxed{4ab}}$$

分数の形で表して，約分をします

$$=-\dfrac{\overset{3}{\cancel{12}}\times\cancel{a}\times a\times\cancel{b}\times b}{\cancel{4}\times\cancel{a}\times\cancel{b}}$$

$$=-3ab$$

文字に数を代入します
$a=3$，$b=-5$

$$=-3\times\boxed{3}\times(\boxed{-5})$$

$$=\boxed{45}$$

★そのまま計算すると
$12a^2b^2\div(-4ab)=12\times3^2\times(-5)^2\div\{-4\times3\times(-5)\}$
$=12\times9\times25\div60$
$=2700\div60$
$=45$

式を簡単にした方がミスも少なくなるね。

 解答 p.3

1 $x=-2$，$y=3$ のとき，次の式の値を求めましょう。

⑴　$3(2x+y)-2(x+4y)$

$= \boxed{}+3y-2x\boxed{}$

$=4x-5y$

$=4\times(\boxed{})-5\times\boxed{}$ ← 文字に数を代入します

$=-8-15$

$=\boxed{}$

⑵　$9(x-2y)-6(2x-5y)$

2 $a=3$，$b=\dfrac{1}{4}$ のとき，次の式の値を求めましょう。

⑴　$20a^2b\div(-5a)$

$=-\dfrac{20a^2b}{\boxed{}}$

$=-4ab$

$=-4\times\boxed{}\times\boxed{}$ ← 文字に数を代入します

$=\boxed{}$

⑵　$-16ab^2\times 3a\div(-6ab)$

これで

カンペキ 累乗（るいじょう）に代入するときは注意！

　累乗に負の数を代入するときは，代入する数全体にかっこをつけましょう。

$a=-2$，$b=-\dfrac{1}{3}$ のとき

$a^2+b^2=(-2)^2+\left(-\dfrac{1}{3}\right)^2$

$=4+\dfrac{1}{9}=\dfrac{37}{9}$　計算ミスに注意するのじゃ。

文字式を使って説明しよう!

文字式を使うことで，いろいろなことがらを説明することができます。

1 式による説明

文字式を使って，ことがらの説明をするときのポイント

1 数を文字を使って正しく表せているか。

2 1で使った文字を使って式をつくれているか。

3 式を計算して説明が成り立つ形に変形できているか。

mを整数とすると，
① 偶数（2の倍数）→$2m$
② 奇数→$2m+1$
　（または，$2m-1$）
③ 連続する3つの整数
　→$m-1$，m，$m+1$

例 次のことが成り立つことを説明しましょう。

よく使う数の表し方は
おぼえておくのじゃ。

(1) **偶数と奇数の和は奇数になること**

（説明）　m，nを整数とすると，偶数は $\boxed{2m}$ ，奇数は$2n+1$と表されます。

何を文字で表すか　　　　　　　　　　2×（整数）

したがって，それらの和は，$\boxed{2m}+(2n+1)=2m+2n+1$　　説明が成り立つ形に変形します

$$=2(\boxed{m+n})+1$$

ここで，$\boxed{m+n}$ は整数だから，$2(\boxed{m+n})+1$は $\boxed{奇数}$ です。

したがって，偶数と奇数の和は奇数になります。

(2) **連続する3つの自然数の和は3の倍数になること**

（説明）　nを2以上の整数とすると，連続する3つの自然数は，$\boxed{n-1}$ ，n，$\boxed{n+1}$

何を文字で表すか

と表されます。

したがって，それらの和は，$(\boxed{n-1})+n+(\boxed{n+1})$　　説明が成り立つ形に変形します

$$=n-1+n+n+1=\boxed{3n}$$

ここで，nは整数だから，$\boxed{3n}$ は $\boxed{3の倍数}$ です。

したがって，連続する3つの自然数の和は3の倍数になります。

★別の説明のしかた
連続する3つの自然数は，いちばん小さい数をnとおいても説明できます。
このとき，連続する3つの自然数は，n，$n+1$，$n+2$と表せるので，
3つの自然数の和は，$n+(n+1)+(n+2)=3n+3=3(n+1)$ です。
ここで，$n+1$は整数だから，$3(n+1)$は3の倍数になります。

まん中の数をnとおいた方が計算しやすいね。

解いてみよう！

解答 p.4

1 奇数と奇数の和は偶数になることを説明しましょう。

（説明）m, n を整数とすると，2つの奇数は $2m+1$, [　　　　] と表されます。

何を文字で表すか

したがって，それらの和は，$2m+1+$ [　　　　] $=2m+2n+2$

$$=2()$$

ここで，[　　　　] は整数だから，$2()$ は [　　　] です。

したがって，奇数と奇数の和は偶数になります。

2 連続する5つの自然数の和は5の倍数になることを説明しましょう。

これで
カンペキ　2けたの自然数の表し方

2けたの自然数で，一の位と十の位を入れかえる問題のときに，2けたの自然数を1つの文字でおくと説明ができなくなるので注意しましょう。

右の図のように十の位の数を x，一の位の数を y とおくと表すことができます。

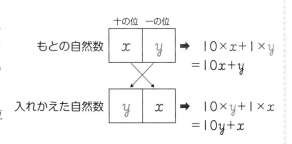

等式の変形をマスターしよう!

等式を（ある文字）＝〜の形にすることを，ある文字について解くといいます。

1 等式の変形

等式を解くときには，中学1年の方程式の単元で学習した等式の性質を利用して変形します。

> $A＝B$ならば，
> 1 $A＋C＝B＋C$　2 $A－C＝B－C$
> 3 $A×C＝B×C$　4 $A÷C＝B÷C$　（$C≠0$）

$A＋C＝B＋C$

例 次の等式を〔 〕の中の文字について解きましょう。

(1) $4x－5y＝20$　〔x〕

$$4x－5y＝20$$
$$4x＝\boxed{5y}＋20$$
$$x＝\boxed{\dfrac{5}{4}y}＋5$$

左辺の$－5y$を右辺に移項します

両辺を4でわります

★移項
$$4x－5＝15$$
$$4x＝15＋5$$
移項をすると符号が変わります。

(2) $c＝\dfrac{2a－b}{3}$　〔a〕

$$c＝\dfrac{2a－b}{3}$$
$$\dfrac{2a－b}{3}＝c$$
$$2a－b＝\boxed{3c}$$
$$2a＝\boxed{b}＋3c$$
$$a＝\boxed{\dfrac{b＋3c}{2}}$$

両辺を入れかえます

両辺に3をかけます

左辺の$－b$を右辺に移項します

両辺を2でわります

★もう1つの等式の性質
上の1〜4のほかに，
$A＝B$ならば$B＝A$
という性質もあります。

両辺を入れかえても等式は成り立つね。

解いて みよう！

解答 p.4

1 次の等式を〔 〕の中の文字について解きましょう。

(1) $3x+4y=36$ 〔y〕

$3x+4y=36$

$4y=\boxed{}+36$

左辺の $3x$ を
右辺に移項します

$y=\boxed{}$

両辺を4で
わります

(2) $3a=4bc$ 〔b〕

(3) $\dfrac{x}{3}+\dfrac{y}{4}=1$ 〔y〕

$\dfrac{x}{3}+\dfrac{y}{4}=1$

$\boxed{}+3y=\boxed{}$

両辺に3と4の
最小公倍数を
かけます

左辺の $\boxed{}$ を
右辺に移項します

$3y=-4x+12$

$y=\boxed{}$

両辺を3で
わります

(4) $S=\dfrac{1}{2}(a+b)h$ 〔a〕

これで

カンペキ 負の数でわるときは要注意

両辺を負の数でわると，すべての項
の符号が変わります。

$-3x=6y-5$

$x=-2y+\dfrac{5}{3}$

両辺を−3で
わります

両辺に−1をかけて「$3x=-6y+5$」としてから，
両辺を3でわると計算ミスが減るんじゃ！

 次の式は，単項式，多項式のどちらですか。(5点×2) ステージ 1

(1) $3a$

(2) $2x+4y+6$

 $-4ab^2c$ の次数を答えましょう。(4点) ステージ 1

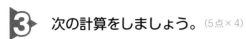 次の計算をしましょう。(5点×4) ステージ 2 3 4

(1) $3x+6y-2x-4y$

(2) $(3a-4b)-(2a-7b)$

(3) $(6x-3y)\times(-4)$

(4) $(21x+14y)\div\dfrac{7}{8}$

 次の計算をしましょう。(6点×2) ステージ 5

(1) $3(2x-y)-4(3x-2y)$

(2) $\dfrac{2a+3b}{4}-\dfrac{a-2b}{5}$

次の計算をしましょう。(6点×4) 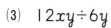 ステージ 6 7

式の計算

(1)　$4a \times (-3b)$

(2)　$(-5x)^2$

(3)　$12xy \div 6y$

(4)　$32a^2 \div \dfrac{8}{9}a$

6 $a=-2$, $b=3$ のとき，$4(3a-2b)-2(5a-b)$ の値を求めましょう。(6点)

 ステージ 8

7 偶数と偶数の積は 4 の倍数になることを説明しましょう。(12点)　 ステージ 9

8 次の等式を 〔　〕の中の文字について解きましょう。(6点×2)　 ステージ 10

(1)　$5x-4y=12$　　〔y〕

(2)　$\dfrac{1}{2}ab=9c$　　〔a〕

数魔小太郎からの挑戦状

解答 p.5

チャレンジこそが上達の近道！

問題

　右の図は増太郎の持っているカレンダーのある月を表しています。10，17，24のように，縦に並んだ３つの数の和は３の倍数になります。

　この理由を説明しましょう。

日	月	火	水	木	金	土
	1	2	3	4	5	6
7	8	9	10	11	12	13
14	15	16	17	18	19	20
21	22	23	24	25	26	27
28	29	30	31			

説明　縦に並んだ３つの数のまん中の数をnとすると，

いちばん上の数は①＿＿＿＿＿＿＿，

いちばん下の数は②＿＿＿＿＿＿＿と表せます。

よって，３つの数の和は，

（①＿＿＿＿＿＿）＋n＋（②＿＿＿＿＿＿）＝③＿＿＿＿＿＿

ここで，nは整数だから，③＿＿＿＿＿＿は３の倍数になります。

したがって，縦に並んだ３つの数の和は３の倍数になります。

文字を使うと様々なことが説明できるのじゃ。
文字を使うことに慣れるのが数学を極める近道じゃぞ。

「式の巻」伝授！

次は
連立の巻を
見つけよう

2章 連立方程式

次の修行は「連立の国」。

中学2年の方程式は文字の数が2つ。この解き方を理解すれば，算術スキルは一気に上がるだろう。

最大の難関である文章題をクリアして，砂漠のどこかにある「連立の巻」を探し出せ！

連立の巻

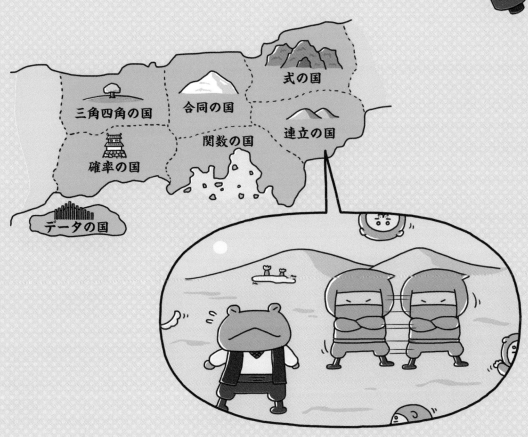

三角四角の国

合同の国

式の国

関数の国

連立の国

確率の国

データの国

連立方程式を知ろう!

2x+y=6のように，2つの文字をふくむ1次方程式を2元1次方程式（じ ほうていしき）といいます。

1 連立方程式

2つ以上の方程式を組み合わせたものを連立方程式（れんりつほうていしき）といいます。

連立方程式の解（かい）は，どの方程式も成り立たせる文字の値（あたい）の組です。

$$\begin{cases} x+3y=5 \\ x-y=1 \end{cases}$$
x+3y=5とx−y=1の2つの方程式を組み合わせたものです。

$$x=2, y=1$$
上の2つの方程式に代入（だいにゅう）すると等式は成り立ちます。

例　次のア，イの値の組のうち，連立方程式 $\begin{cases} x-2y=2 \cdots ① \\ x+y=8 \ \cdots ② \end{cases}$ の解はどちらですか。

ア　$x=-4, y=-3$　　　イ　$x=6, y=2$

ア，イの値を，①，②の方程式に代入して，どちらの方程式も成り立たせる値の組を調べます。

ア　①　(左辺)（さ へん）= $\boxed{-4}$ −2×($\boxed{-3}$) = $\boxed{2}$　　(右辺)（う へん）=2
　　　　　　　　　　　　　　　　　　　　　　　　　等しい

　　②　(左辺) = $\boxed{-4}$ +($\boxed{-3}$) = $\boxed{-7}$　　(右辺)=8
　　　　　　　　　　　　　　　　　　　　　　　等しくない

イ　①　(左辺) = $\boxed{6}$ −2× $\boxed{2}$ = $\boxed{2}$　　　(右辺)=2
　　　　　　　　　　　　　　　　　　　　　　　等しい

　　②　(左辺) = $\boxed{6}$ + $\boxed{2}$ = $\boxed{8}$　　　(右辺)=8
　　　　　　　　　　　　　　　　　　　　　　等しい

よって，連立方程式 $\begin{cases} x-2y=2 \cdots ① \\ x+y=8 \ \cdots ② \end{cases}$ の解は $\boxed{イ}$ です。

★連立方程式の解
①，②のどちらの方程式も成り立たせる文字の値の組。

★2元1次方程式とは
2元…2種類の文字が使われている
1次方程式…整理すると(1次式)=0の形になる方程式
$\underset{}{3x+4y}=-1$　わからないもの(文字)が2つでそれぞれの文字の次数が1

2つの方程式が成り立たないと，連立方程式の解とはいえないね。

フムフム

解いて みよう！

解答 p.6

1 次のア～エの値の組のうち，連立方程式 $\begin{cases} x+5y=9 & \cdots① \\ 2x-y=-4 & \cdots② \end{cases}$ の解はどれですか。

ア　$x=2, \ y=1$　　イ　$x=-1, \ y=2$　　ウ　$x=-6, \ y=3$　　エ　$x=-2, \ y=0$

ア　①　(左辺)＝□＋5×□＝□　　(右辺)＝9
　　　　　　　　　　　　　　　　　　　　　　　　等しい？

　　②　(左辺)＝2×□－□＝□　　(右辺)＝－4
　　　　　　　　　　　　　　　　　　　　　　　　等しい？

イ　①　(左辺)＝□＋5×□＝□　　(右辺)＝9
　　　　　　　　　　　　　　　　　　　　　　　　等しい？

　　②　(左辺)＝2×(□)－□＝□　　(右辺)＝－4
　　　　　　　　　　　　　　　　　　　　　　　　等しい？

ウ　①　(左辺)＝□＋5×□＝□　　(右辺)＝9
　　　　　　　　　　　　　　　　　　　　　　　　等しい？

　　②　(左辺)＝2×(□)－□＝□　　(右辺)＝－4
　　　　　　　　　　　　　　　　　　　　　　　　等しい？

エ　①　(左辺)＝□＋5×□＝□　　(右辺)＝9
　　　　　　　　　　　　　　　　　　　　　　　　等しい？

　　②　(左辺)＝2×(□)－□＝□　　(右辺)＝－4
　　　　　　　　　　　　　　　　　　　　　　　　等しい？

よって，連立方程式 $\begin{cases} x+5y=9 & \cdots① \\ 2x-y=-4 & \cdots② \end{cases}$ の解は□です。

これで カンペキ　連立方程式の解の表し方

　連立方程式には様々な解の表し方が
あります。

　右の①～③はすべて同じ解を表して
います。

① $x=2, y=1$

② $(x, \ y)=(2, \ 1)$

③ $\begin{cases} x=2 \\ y=1 \end{cases}$

この本では，①の解の
表し方をしていくぞ。

ステージ 12
加減法の解き方をマスターしよう!

文字をふくむ2つの方程式をたしたりひいたりして，1つの文字をふくまない方程式をつくり，連立方程式を解くことができます。この方法を加減法（かげんほう）といいます。

1 加減法

加減法では，左辺どうし，右辺どうしを，それぞれたしたりひいたりして，1つの文字を消去して解きます。

$$\begin{cases} x+3y=5 \\ x-y=1 \end{cases}$$

xかyのどちらかの文字を消去しよう。

例　次の連立方程式を加減法で解きましょう。

★代入するときのコツ
①，②のどちらか計算しやすい方の式に代入します。

(1) $\begin{cases} x+y=-3 \cdots ① \\ x-2y=9 \cdots ② \end{cases}$

①の両辺（りょうへん）から②の両辺をひくと，

①　　$x+\ y=-3$
②　$-)\ x-2y=\ 9$
$\underset{y-(-2y)}{\qquad}$　　$3y=\boxed{-12}$

両辺を3でわります

$y=\boxed{-4}$

$y=\boxed{-4}$ を①に代入して，

$x+(\boxed{-4})=-3$

$x=\boxed{1}$

答え　$x=\boxed{1}$, $y=\boxed{-4}$

xとyの係数（けいすう）に注目するのじゃ!

(2) $\begin{cases} 5x+2y=1 \cdots ① \\ 3x-y=5 \cdots ② \end{cases}$

①　　　　　$5x+2y=\ 1$
②×2　$+)\ 6x-2y=10$
$\underset{5x+6x}{\qquad}$　$11x=\boxed{11}$

両辺を11でわります

$x=\boxed{1}$

$x=\boxed{1}$ を②に代入して，

$\boxed{3}-y=5$

$-y=\boxed{2}$

$y=\boxed{-2}$

答え　$x=\boxed{1}$, $y=\boxed{-2}$

解いてみよう！

解答 p.6

1 次の連立方程式を加減法で解きましょう。

(1) $\begin{cases} x+y=4 & \cdots① \\ 3x-y=8 & \cdots② \end{cases}$

①の両辺と②の両辺をたすと，

$$\begin{array}{r} x+y=4 \\ +)\ 3x-y=8 \\ \hline 4x\ \ =\boxed{} \\ x=\boxed{} \end{array}$$

$x=\boxed{}$ を①に代入して，

$\boxed{}+y=4$

$y=\boxed{}$

答え　$x=\boxed{}$，$y=\boxed{}$

(2) $\begin{cases} x+2y=5 & \cdots① \\ x+y=1 & \cdots② \end{cases}$

(3) $\begin{cases} x+4y=-2 & \cdots① \\ 2x+3y=1 & \cdots② \end{cases}$

$$\begin{array}{ll} ①×2 & 2x+8y=-4 \\ ② & -)\ 2x+3y=\ \ 1 \\ \hline & 5y=\boxed{} \\ & y=\boxed{} \end{array}$$

$y=\boxed{}$ を①に代入して，

$x-4=-2$

$x=\boxed{}$

答え　$x=\boxed{}$，$y=\boxed{}$

(4) $\begin{cases} 3x-5y=19 & \cdots① \\ -x+4y=-11 & \cdots② \end{cases}$

これで
カンペキ　このときは係数をいくつにそろえる？

　xとyの係数がちがうときで，一方の式を何倍かしても絶対値がそろわない場合は，両方の式をそれぞれ何倍かして係数をそろえます。

$\begin{cases} 4x-3y=1 & \cdots① \\ 5x+8y=13 & \cdots② \end{cases}$

①の両辺を5倍
②の両辺を4倍して
xの係数を20に
そろえます

$\begin{cases} 20x-15y=5 & \cdots③ \\ 20x+32y=52 & \cdots④ \end{cases}$

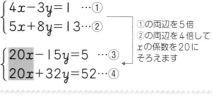

ステージ 13 代入法の解き方をマスターしよう!

連立方程式を解くとき，代入によって1つの文字を消去する方法を代入法といいます。

1 代入法

次のときは，代入法の方が解きやすいです。

① 連立方程式の一方の式が $y=\sim$ や $x=\sim$ の形である。

② 2つの文字のうちどちらかの係数が1，または-1である。

$$\begin{cases} 2x+5y=-9 \\ y=x+1 \end{cases}$$

yを消去しよう!!

例 次の連立方程式を代入法で解きましょう。

(1) $\begin{cases} x=y+3 & \cdots① \\ 2x-3y=4 & \cdots② \end{cases}$

①を②に代入すると， $\quad$ $x=y+3$を $2x-3y=4$に代入します

$2(\boxed{y+3})-3y=4$

$\quad 2y+6-3y=4$

$\qquad -y=-2$ $\quad$ 両辺を-1でわります

$\qquad\quad y=\boxed{2}$

$y=\boxed{2}$ を①に代入して，

$x=\boxed{2}+3$

$\quad=\boxed{5}$

答え $x=\boxed{5}$, $y=\boxed{2}$

(2) $\begin{cases} 2x-5y=7 & \cdots① \\ 5y=1-6x & \cdots② \end{cases}$

②を①に代入すると， $\quad$ $5y=1-6x$を $2x-5y=7$に代入します

$2x-(\boxed{1-6x})=7$

$\quad 2x-1+6x=7$

$\qquad\quad 8x=8$

$\qquad\quad x=\boxed{1}$

$x=\boxed{1}$ を②に代入して，

$5y=1-6×\boxed{1}$

$5y=-5$

$\quad y=\boxed{-1}$

答え $x=\boxed{1}$, $y=\boxed{-1}$

多項式やマイナスのついた式を代入するときは，かっこをつけるのじゃ！
$2x-(1-6x)=7$

34

解いてみよう！

解答 p.6

1 次の連立方程式を代入法で解きましょう。

(1) $\begin{cases} x=3y+5 & \cdots① \\ 2x-5y=8 & \cdots② \end{cases}$

①を②に代入すると，

$2(\boxed{})-5y=8$

$6y+10-5y=8$

$y=\boxed{}$

$y=\boxed{}$ を①に代入して，

$x=3\times(\boxed{})+5$

$=\boxed{}$

答え　$x=\boxed{}$, $y=\boxed{}$

(2) $\begin{cases} 4x-y=5 & \cdots① \\ y=x+4 & \cdots② \end{cases}$

(3) $\begin{cases} 4x+3y=13 & \cdots① \\ 4x=y+1 & \cdots② \end{cases}$

②を①に代入すると，

$(\boxed{})+3y=13$

$4y=12$

$y=\boxed{}$

$y=\boxed{}$ を②に代入して，

$4x=\boxed{}+1$

$x=\boxed{}$

答え　$x=\boxed{}$, $y-\boxed{}$

(4) $\begin{cases} 2y=3x-1 & \cdots① \\ x-2y=-5 & \cdots② \end{cases}$

これで
カンペキ 式を変形すれば代入法が使える！

$x=\sim$，$y=\sim$ の形でないときも，式を変形すれば代入法を使って連立方程式を解くことができます。

$\begin{cases} 2x-3y=3 & \cdots① \\ x-2y=12 & \cdots② \end{cases}$

②を x について解くと，$x=2y+12 \cdots③$

③を①に代入すると，$2(2y+12)-3y=3$

いろいろな連立方程式を解こう!

かっこのついた連立方程式は，かっこをはずし，式を整理してから解きます。
小数をふくむときは，係数が整数になるように変形してから解きます。

1 かっこのついた連立方程式

かっこをはずすときは，符号に注意します。

かっこをはずすときは
分配法則を使うのじゃ！

★分配法則
$(a+b)x = ax + bx$

(例) $\begin{cases} x - y = -6 & \cdots ① \\ y - 2(x+3) = 1 & \cdots ② \end{cases}$ を解きましょう。

②のかっこをはずして， ↙ -2×3

$y - 2x \boxed{-6} = 1$ ← 式を整理します

$-2x + y = 7 \cdots ③$

① $\quad x - y = -6$

③ $\underline{+) \ -2x + y = \ 7}$

$\quad -x \boxed{} = \boxed{1}$

$\quad x = \boxed{-1}$

$x = \boxed{-1}$ を①に代入して，

$\boxed{-1} - y = -6$

$y = \boxed{5}$

答え $x = \boxed{-1}$, $y = \boxed{5}$

2 小数をふくむ連立方程式

小数をふくむときは，両辺を10倍，100倍して
係数が整数になるように変形してから解きます。

$0.4x + 0.5y = 1$
両辺を10倍して，小数を整数に変えます
$4x + 5y = 10$

(例) $\begin{cases} 0.2x + 0.5y = 1.4 & \cdots ① \\ 0.4x + 0.9y = 2.4 & \cdots ② \end{cases}$ を解きましょう。

①，②の両辺をそれぞれ $\boxed{10}$ 倍すると， ↙ 1.4×10

$2x + 5y = \boxed{14} \cdots ③$

$4x + 9y = 24 \quad \cdots ④$

③×2 $\quad 4x + 10y = 28$

④ $\quad \underline{-) \ 4x + \ 9y = 24}$

$\qquad\qquad y = \boxed{4}$

$y = \boxed{4}$ を③に代入して，

代入するときは，変形したあとの式に代入すると，計算しやすい

$2x + 5 \times \boxed{4} = 14$

$2x = -6$

$x = \boxed{-3}$

答え $x = \boxed{-3}$, $y = \boxed{4}$

解いて みよう！

解答 p.6

1 次の連立方程式を解きましょう。

(1) $\begin{cases} 2x+3y=17 & \cdots① \\ y=4(x-3)-1 & \cdots② \end{cases}$

②のかっこをはずして，

$y=4x\boxed{}-1=4x-13\cdots③$

③を①に代入すると，

$2x+3(\boxed{})=17$

$\qquad 2x+12x-39=17$

$\qquad\qquad 14x=56$

$\qquad\qquad x=\boxed{}$

$x=\boxed{}$ を③に代入して，

$y=4\times\boxed{}-13=\boxed{}$

答え　$x=\boxed{}$，$y=\boxed{}$

(2) $\begin{cases} 11x-6y=40 & \cdots① \\ 2(x-y)=12-x & \cdots② \end{cases}$

(3) $\begin{cases} 0.1x-0.5y=-1.6 & \cdots① \\ 0.4x+0.7y=-1 & \cdots② \end{cases}$

①，②をそれぞれ10倍すると，

$x-5y=-16 \qquad\cdots③$

$4x+7y=\boxed{} \qquad\cdots④$

③×4　　$4x-20y=-64$

④　　$-)\ 4x+\ 7y=-10$

$\overline{\qquad\qquad -27y=\boxed{}}$

$\qquad\qquad y=\boxed{}$

$y=\boxed{}$ を③に代入して，

$x-5\times\boxed{}=-16$

$x=\boxed{}$

答え　$x=\boxed{}$，$y=\boxed{}$

これで カンペキ　小数とかっこをふくんだ式

右のような方程式は，まずかっこをは
ずし，式を整理してから係数を整数にな
おします。

$\begin{cases} 0.2x-(0.3y-0.1)=0.5 & \cdots① \\ x+5y=10 & \cdots② \end{cases}$

①のかっこをはずして，$0.2x-0.3y+0.1=0.5$

$\qquad\qquad\qquad\qquad 0.2x-0.3y=0.4$

両辺を10倍して，　$2x-3y=4$

$A=B=C$の方程式を解こう!

$A=B=C$の形をした方程式は，式を組み合わせて連立方程式をつくります。

1 分数をふくんだ連立方程式

分数をふくんだ連立方程式は，両辺に分母の最小公倍数をかけて，整数になおして解きます。

$$\frac{x}{3}+\frac{y}{2}=1$$
$$\frac{x}{3}\times6+\frac{y}{2}\times6=1\times6$$

整数部分にかけわすれないように!!

例 $\begin{cases}4x+3y=-6\cdots① \\ \dfrac{x}{3}-\dfrac{y}{5}=4 \quad\cdots②\end{cases}$ を解きましょう。

②の両辺に $\boxed{15}$ をかけて，
└3と5の最小公倍数

$5x-\boxed{3}y=60\cdots③$

$\begin{array}{ll}① & 4x+3y=-\ 6 \\ ③ & +)\ 5x-3y=\ \ 60 \\ \hline & \boxed{9}\,x\ \ \ \ \ =\ 54\end{array}$

$x=\boxed{6}$

①に代入する方が計算が簡単にできます

$x=\boxed{6}$ を①に代入して，

$4\times\boxed{6}+3y=-6$

$3y=-30$

$y=\boxed{-10}$

答え $x=\boxed{6}$, $y=\boxed{-10}$

2 $A=B=C$の方程式

$A=B=C$の形をした方程式は，どの組み合わせをつくっても解けます。

計算しやすい連立方程式をつくるのじゃ!

① $\begin{cases}A=B \\ A=C\end{cases}$ ② $\begin{cases}A=B \\ B=C\end{cases}$ ③ $\begin{cases}A=C \\ B=C\end{cases}$

例 $2x+5y=4x+8y=-4$　を解きましょう。

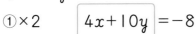

$\begin{cases}2x+5y=-4\cdots① \\ 4x+8y=-4\cdots②\end{cases}$ と組み合わせて，

$\begin{array}{ll}①\times2 & \boxed{4x+10y}=-8 \\ ② & -)\ 4x+\ 8y\ =-4 \\ \hline & 2y\ =\ \boxed{-4} \\ & y=\boxed{-2}\end{array}$

$y=\boxed{-2}$ を①に代入して，

$2x+5\times(\boxed{-2})=-4$

$2x=6$

$x=\boxed{3}$

答え $x=\boxed{3}$, $y=\boxed{-2}$

解いてみよう！　解答 p.7

❶ 次の連立方程式を解きましょう。

$$\begin{cases} 2x-y=-1 & \cdots① \\ \dfrac{1}{2}x+\dfrac{1}{3}y=5 & \cdots② \end{cases}$$

②の両辺に ☐ をかけて，

↳2と3の最小公倍数

☐ $+2y=30\cdots③$

①×2　　$4x-2y=-2$

③　　$+)\ 3x+2y=\ \ 30$

☐ $x\ \ \ =28$

$x=$ ☐

$x=$ ☐ を①に代入して，

$2×$ ☐ $-y=-1$

$-y=-9$

$y=$ ☐

答え　$x=$ ☐ ，$y=$ ☐

❷ 次の方程式を解きましょう。

(1)　$5x-2y=-2x+y=1$

$$\begin{cases} 5x-2y=1 & \cdots① \\ -2x+y=1 & \cdots② \end{cases}$$ と組み合わせて，

①　　　　　$5x\ -2y\ =1$

②×2　$+)$ ☐ $=2$

　　　　　　$x\ \ \ \ \ =$ ☐

$x=$ ☐ を②に代入して，

$-2×$ ☐ $+y=1$

$y=$ ☐

答え　$x=$ ☐ ，$y=$ ☐

(2)　$3x+y=7x+3y=2$

これで カンペキ　解きやすい式の選び方

　$A=B=C$ の方程式では，文字をふくまない式を選ぶと，解きやすい式をつくることができます。

$4x-y=-6x+3y=3$

↓文字をふくまない式を選びます

$$\begin{cases} 4x-y=3 & \cdots① \\ -6x+3y=3 & \cdots② \end{cases}$$

ステージ

16

連立方程式の利用①

個数と代金に関する連立方程式を解こう！

連立方程式の文章題です。まずは，個数と代金に関する問題を考えていきましょう。

1 連立方程式の文章題

連立方程式の文章題を解くときは以下のポイントをおさえましょう。

1 何を文字で表すかを決める。

2 等しい関係から連立方程式をつくる。

3 連立方程式を解く。

4 求めた解を求める答えになおす。

連立方程式の文章題では，この4つのポイントをおさえよう！

例 1個160円のカレーパンと1個180円のサンドイッチを合わせて12個買うと，代金は2100円でした。カレーパンとサンドイッチをそれぞれ何個買いましたか。

文字でおく：カレーパンを x 個，サンドイッチを y 個買ったとすると，

カレーパン食べたい。

連立方程式をつくる：

個数の関係から，$x+y=\boxed{12}$ …①

└ カレーパンとサンドイッチの個数の合計

代金の関係から，$160x+\boxed{180y}=2100$ …②

└ サンドイッチの代金

連立方程式を解く：

①，②を連立方程式として解くと，

①×160　$160x+160y=\boxed{1920}$

②　$\underline{-)\ 160x+180y=\ 2100}$

　　　　　　$-20y=-180$

　　　　　　　　$y=\boxed{9}$

★表を使った整理

下のような表に整理して，等しい関係の式を見つけることもできます。

	カレーパン	サンドイッチ	合計
1個の値段(円)	160	180	
個数(個)	x	y	12
代金(円)	$160x$	$180y$	2100

$y=\boxed{9}$ を①に代入して，

$x+\boxed{9}=12$

　　$x=\boxed{3}$

等しい関係から方程式を2つつくるのじゃ！

求める答えになおす：

よって，買ったカレーパンの個数は $\boxed{3}$ 個，サンドイッチの個数は $\boxed{9}$ 個です。

この解は問題にあっています。

解いてみよう！

解答 p.7

1 1個90円のりんごと1個40円のみかんを合わせて30個買い，代金を1900円支払いました。りんごとみかんをそれぞれ何個買いましたか。

文字でおく

りんごを x 個，みかんを y 個買ったとすると，

連立方程式をつくる

個数の関係から，$x+y=$ ◻ …①

└ りんごとみかんの個数の合計

代金の関係から，◻ $+40y=1900$ …②

└ りんごの代金

連立方程式を解く

①，②を連立方程式として解くと，

①×40　　　$40x+40y=$ ◻

②　　　$-)\ 90x+40y=\ 1900$

$-50x\ \ \ \ \ \ \ =-700$

$x=$ ◻

$x=$ ◻ を①に代入して，

◻ $+y=30$

$y=$ ◻

求める答えになおす

よって，買ったりんごの個数は ◻ 個，みかんの個数は ◻ 個です。

この解は問題にあっています。

これで カンペキ　求めた解が正しくない場合

連立方程式を解いて右のような解が求められたときは，解が間違っている可能性があります。

連立方程式が正しく立てられているか，計算が間違っていないか，確認しましょう。

左ページの例題で
1 個数が小数や分数になる。
$x=2.4,\ y=9.6$
2 個数が負の数になる。
$x=-2,\ y=14$
3 個数が合計を超えている。
$x=15,\ y=3$

速さに関する連立方程式を解こう!

速さに関する問題では，速さ・道のり・時間の関係に注目して連立方程式をつくります。

1 速さに関する連立方程式

速さに関する問題は，表や線分図に表すと，数量の関係がわかりやすくなります。

$$(速さ) = \frac{(道のり)}{(時間)}, \quad (時間) = \frac{(道のり)}{(速さ)}$$
$$(道のり) = (速さ) \times (時間)$$

例 A町からB町を通ってC町までいく道のりは3600mです。ある人がA町からB町までは分速40m，B町からC町までは分速60mで歩いたところ，全体で70分かかりました。A町からB町，B町からC町までの道のりはそれぞれ何mですか。

文字でおく

A町からB町までの道のりを x m，B町からC町までの道のりを y m とすると，

連立方程式をつくる

道のりの関係から， $x + y = \boxed{3600}$ …①

└─ 全体の道のり

A町からB町までにかかった時間は， $\dfrac{x}{40}$ （分）

B町からC町までにかかった時間は， $\boxed{\dfrac{y}{60}}$ （分）

全体で70分かかったから， $\dfrac{x}{40} + \boxed{\dfrac{y}{60}} = 70$ …②

★表を使った整理

	A町から B町	B町から C町	合計
道のり (m)	x	y	3600
速さ (m/分)	40	60	
時間（分）	$\dfrac{x}{40}$	$\dfrac{y}{60}$	70

★線分図を使った整理

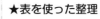

A ── x m ── B ──── y m ──── C
3600 m

分速40m→　　分速60m→
$\dfrac{x}{40}$ 分　　$\dfrac{y}{60}$ 分

連立方程式を解く

①，②を連立方程式として解くと，

①×2　　　　　$2x + 2y = \boxed{7200}$

②×120　$-)$　$3x + 2y = \quad 8400$

───────────────

$\quad\quad\quad -x \quad\quad = -1200$

$\quad\quad\quad\quad\quad x = \boxed{1200}$

$x = \boxed{1200}$ を①に代入して， $\boxed{1200} + y = 3600$

$\quad\quad\quad\quad\quad\quad\quad y = \boxed{2400}$

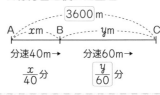

表や線分図をかくことに慣れておくのじゃ！

求める答えになおす

よって，A町からB町まで $\boxed{1200}$ m，B町からC町まで $\boxed{2400}$ m です。

この解は問題にあっています。

解いてみよう！

解答 p.7

1 A地点からB地点を通ってC地点までいく道のりは280kmです。自動車で，A地点からB地点までは時速40km，B地点からC地点までは時速80kmで走ったところ，4時間かかりました。A地点からB地点まで，B地点からC地点までの道のりはそれぞれ何kmですか。

文字でおく

A地点からB地点までの道のりを x km，B地点からC地点までの道のりを y km とすると，

連立方程式をつくる

道のりの関係から，$x+y=\boxed{}$ …①

時間の関係から，$\dfrac{x}{40}+\boxed{}=4$ …②

連立方程式を解く

①，②を連立方程式として解くと，

① $\qquad\quad x+y=\ \ 280$

②×80　$-\Big)\ \ 2x+y=\boxed{}$

　　　　$\overline{\qquad -x\ \ \ =-40}$

　　　　　　$x=\boxed{}$

$x=40$ を①に代入して，$40+y=280$

　　　　　　$y=\boxed{}$

求める答えになおす

よって，A地点からB地点まで $\boxed{}$ km，B地点からC地点まで $\boxed{}$ km

です。

この解は問題にあっています。

できたかな？

これで カンペキ　単位に注意！

　速さに関する連立方程式では，道のり，速さ，時間の単位に注意しましょう。

　右の図では道のりの単位がそろっていないので間違いです。

 × $x+y=3.6$

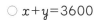 ○ $x+y=3600$

単位がちがう
3.6km
A ⌒ x m ⌒ B ⌒ y m ⌒ C

割合に関する連立方程式を解こう!

割合に関する問題は，割合を正しい数値で表し，表を使って整理しましょう。

① 割合に関する連立方程式

$a\% \rightarrow \dfrac{a}{100}$，$b割 \rightarrow \dfrac{b}{10}$，$c\%増加 \rightarrow \left(1+\dfrac{c}{100}\right)$

割合を正しく表すのじゃ!!

例 ある中学校の昨年の生徒数は310人でした。今年は昨年より，男子は5%増え，女子は6%増えて，全体では17人増えました。今年の男子，女子の生徒数をそれぞれ求めましょう。

文字でおく

昨年の男子の生徒数を x 人，女子の生徒数を y 人とすると，

連立方程式をつくる

昨年の生徒数の関係から，$x+y=\boxed{310}$ …①
└ 昨年の生徒数の合計

生徒数の増減の関係から，$\dfrac{5}{100}x+\boxed{\dfrac{6}{100}y}=17$ …②
└ 女子の増加数

★文字のおき方
問題では今年の男子と女子の生徒数を求めますが，昨年の生徒数をもとにしたときの増減を考えているため，昨年の生徒数を x，y で表します。

連立方程式を解く

①，②を連立方程式として解くと，

①×5 　　　$5x+5y=\boxed{1550}$
②×100 $-)\ 5x+6y=1700$
　　　　　　　$-y=-150$
　　　　　　　　$y=\boxed{150}$

	男子	女子	合計
昨年の生徒数(人)	x	y	310
生徒数の増減(人)	$\dfrac{5}{100}x$	$\dfrac{6}{100}y$	17

$y=150$ を①に代入して，$x+150=310$

　　　　　　　　　　　　　　$x=\boxed{160}$

答えるのは今年の生徒数だよ!

求める答えになおす

昨年の男子の生徒数が160人，女子の生徒数が150人なので，

今年の男子の生徒数は，$160+160\times\dfrac{5}{100}=168$（人）

女子の生徒数は，$150+150\times\dfrac{6}{100}=159$（人）

よって，今年の男子は168人，女子は159人です。
この解は問題にあっています。

解いてみよう！

1 ある中学校の昨年の生徒数は540人で，今年は昨年と比べて，男子は5%増加し，女子は3%減少したため，全体では3人増加しました。今年の男子，女子の生徒数をそれぞれ求めましょう。

文字でおく

昨年の男子の生徒数を x 人，女子の生徒数を y 人とすると，

連立方程式をつくる

昨年の生徒数の関係から，$x + y = \boxed{}$ …①

生徒数の増減の関係から，$\boxed{} - \dfrac{3}{100} y = 3$ …②

連立方程式を解く

①，②を連立方程式として解くと，

①×3　　　　$3x + 3y = 1620$

②×100　$+)\ 5x - 3y = \ \ 300$

　　　　　$\overline{ 8x = 1920}$

　　　　　　　$x = \boxed{}$

$x = \boxed{}$ を①に代入して，$\boxed{} + y = 540$

　　　　　　　　　　$y = \boxed{}$

求める答えになおす

昨年の男子の生徒数が240人，女子の生徒数が300人なので，

今年の男子の生徒数は，$\boxed{} + \boxed{} \times \dfrac{5}{100} = 252$（人）

女子の生徒数は，$\boxed{} - \boxed{} \times \dfrac{3}{100} = \boxed{}$（人）

よって，今年の男子の生徒数は252人，女子の生徒数は $\boxed{}$ 人です。

この解は問題にあっています。

おつかれさま！

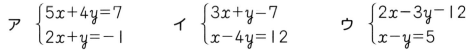
1 次の連立方程式で，$x=3$，$y=-2$ が解になっているものを選び，記号で答えましょう。(6点)　▶ステージ **11**

ア $\begin{cases} 5x+4y=7 \\ 2x+y=-1 \end{cases}$　　イ $\begin{cases} 3x+y=7 \\ x-4y=12 \end{cases}$　　ウ $\begin{cases} 2x-3y=12 \\ x-y=5 \end{cases}$

2 次の連立方程式を解きましょう。(6点×4)　▶ステージ **12** **13**

(1) $\begin{cases} x+4y=17 \\ x+2y=11 \end{cases}$

(2) $\begin{cases} 3x+4y=29 \\ x-5y=-3 \end{cases}$

(3) $\begin{cases} y=-x+2 \\ 2x+y=5 \end{cases}$

(4) $\begin{cases} x-2y=-5 \\ 2y=3x-1 \end{cases}$

3 次の連立方程式を解きましょう。(6点×4)　▶ステージ **14** **15**

(1) $\begin{cases} 2x+3y=17 \\ 4(x-2)-y=5 \end{cases}$

(2) $\begin{cases} 0.2x-0.3y=-0.5 \\ 2x+y=3 \end{cases}$

(3) $\begin{cases} \dfrac{x}{2}-\dfrac{y}{4}=3 \\ x+2y=1 \end{cases}$

(4) $x-2y=2x+3y=7$

4 50円の消しゴムと80円のペンを合わせて11個買うと，代金は700円でした。消しゴムとペンをそれぞれいくつ買ったか求めましょう。(15点)　>ステージ 16

5 増太郎の家から忍術屋敷までの道のりは1200mです。はじめは，家を出発して分速50mの速さで歩いていましたが，時間に間に合わないので，途中から分速200mの速さで走ったら，全体で18分かかりました。歩いた道のりと走った道のりをそれぞれ求めましょう。(15点)　>ステージ 17

6 ある中学校の昨年の生徒数は全体で450人でした。今年は昨年と比べると，男子は10%増え，女子は5%増えて，全体では33人増えました。この中学校の今年の男子，女子の生徒数をそれぞれ求めましょう。(16点)　>ステージ 18

数魔小太郎からの挑戦状

解答 p.8

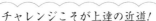
チャレンジこそが上達の近道！

問題

　増太郎が巻物に2けたの自然数を書きました。増太郎が書いた数の十の位の数と一の位の数の和は13です。また，もとの数の十の位の数と一の位の数を入れかえてできる数からもとの数をひくと27になります。もとの自然数を求めましょう。

答え　もとの自然数の十の位の数をx，一の位の数をyとおいて方程式をつくります。

　もとの自然数はx，yを使って表すと，①＿＿＿＿＿＿＿

　もとの数の十の位の数と一の位の数の和が13であるから，

　②＿＿＿＿＿＋③＿＿＿＿＿＝13…(i)

　また，もとの数の十の位の数と一の位の数を入れかえてできる数は，

　④＿＿＿＿＿＿＿と表されます。

　十の位の数と一の位の数を入れかえてできる数からもとの数をひくと27になるから，

　④＿＿＿＿＿＿＿－（①＿＿＿＿＿＿＿）＝27…(ii)

(i)，(ii)の連立方程式を解こう！

もとの自然数の十の位の数をx，
一の位の数をyとおくことがポイントじゃ！

「連立の巻」伝授！

次は
関数の巻を
見つけよう

1 次関数

次の修行は「関数の国」。

比例とよく似た 1 次関数。 1 次関数を極めるには，中学 1 年で習った比例・反比例を思い出そう。

グラフのかき方，交点の座標の求め方をマスターすれば，算術上忍へ近づけるはず。

広い海の中から，「関数の巻」を見つけ出せ！

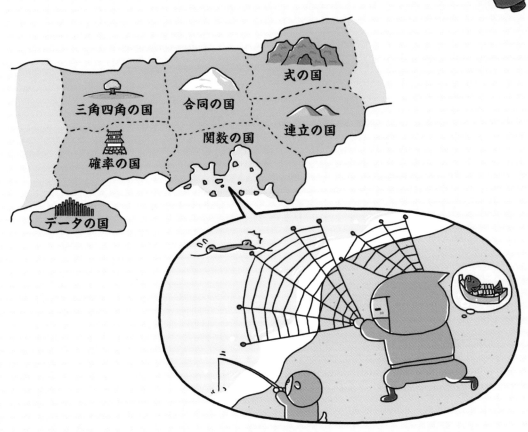

1次関数

1次関数について知ろう！

2つの変数 x，y について，y が x の1次式で表されるとき，y は x の1次関数であるといいます。

1 1次関数

1次関数は，$y=ax+b$（a，b は変化しない定数）の形で表すことができます。

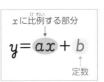

x に比例する部分

$$y = \boxed{ax} + b$$

定数

例 次の関数について，y を x の式で表しましょう。また，y は x の1次関数であるといえるか答えましょう。

(1) 1個70円のりんごを x 個買って，80円の箱につめたときの代金 y 円

「$y=\sim$」に表して1次関数であるかを調べます。

りんごを x 個買ったときの代金は $\boxed{70x}$（円）だから，

$70\times$（個数）

$$y = \boxed{70x+80}$$

（りんごの代金）＋（箱の代金）

★関数
x の値が決まると y の値も1つに決まるとき，y は x の関数であるといいます。

したがって，y は x の1次関数と $\boxed{\text{いえます} \cdot \text{いえません}}$ 。

正しいのは？

(2) 80kmの道のりを時速 x km で進んだときにかかる時間 y 時間

$$（時間）= \frac{（\boxed{道のり}）}{（\boxed{速さ}）} より，y= \boxed{\dfrac{80}{x}}$$

したがって，y は x の1次関数と $\boxed{\text{いえます} \cdot \text{いえません}}$ 。

正しいのは？

(3) 1辺が x cm の正方形の周の長さ y cm

$y=ax+b$ の形に表せるかを調べよう。

（正方形の周の長さ）＝（1辺の長さ）× $\boxed{4}$ だから，$y= \boxed{4x}$

したがって，y は x の1次関数と $\boxed{\text{いえます} \cdot \text{いえません}}$ 。

正しいのは？

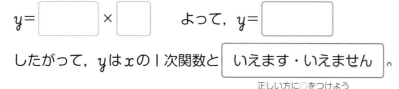

解答 p.9

① 次の関数について，yをxの式で表しましょう。また，yはxの１次関数である
といえるか答えましょう。

(1) 面積が20cm^{2}の長方形の縦の長さ$x$cm，横の長さ$y$cm

（縦の長さ）×（横の長さ）＝（長方形の面積）より，

$$\boxed{} \times \boxed{} = 20 \quad\text{よって，} y = \boxed{}$$

したがって，yはxの１次関数と $\boxed{\text{いえます・いえません}}$ 。

<small>正しい方に○をつけよう</small>

(2) 分速300mで走る自転車がx分間走ったときの道のりym

（道のり）＝（速さ）×（時間）より，

$$y = \boxed{} \times \boxed{} \quad\text{よって，} y = \boxed{}$$

したがって，yはxの１次関数と $\boxed{\text{いえます・いえません}}$ 。

<small>正しい方に○をつけよう</small>

(3) 10kmの道のりを歩くとき，$x$km歩いたときの，残りの道のり$y$km

（残りの道のり）＝（全体の道のり）－（歩いた道のり）より，

$$y = \boxed{} - \boxed{} \quad\text{よって，} y = -\boxed{} + \boxed{}$$

したがって，yはxの１次関数と $\boxed{\text{いえます・いえません}}$ 。

<small>正しい方に○をつけよう</small>

② 次の関数について，yがxの１次関数になっているものをすべて選び，記号で答
えましょう。

ア　$y = -2x$　　イ　$y = x^2 - 5$　　ウ　$y = 3x + 1$　　エ　$3x + y = 7$

これで
カンペキ　比例と１次関数

中1で学習した比例の式は，$y = ax$でした。

これは，１次関数の式$y = ax + b$で$b = 0$の
ときと考えることができます。

つまり，比例は１次関数の特別な場合です。

比例	$\cdots y = ax$	
１次関数	$\cdots y = ax + b$	$b=0$のとき

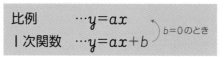

ステージ 20

変化の割合

変化の割合について知ろう！

1次関数 $y=ax+b$ の変化の割合は一定であり，a に等しくなります。

1 変化の割合

x の増加量に対する y の増加量の割合を変化の割合といいます。1次関数 $y=ax+b$ では変化の割合は一定で，a に等しくなります。

$$変化の割合 = \frac{y \text{の増加量}}{x \text{の増加量}} = a（一定）$$

例 1次関数 $y=3x+5$ について，次の問いに答えましょう。

(1) x と y の対応表を完成させましょう。

x	0	1	2	3	4	5
y	5	8	11	14	17	20

$3×1+5$　$3×3+5$

$y=3x+5$ に $x=1$ と $x=3$ をそれぞれ代入するのじゃ！

(2) x の値が2から5まで増加するときの変化の割合を，(1)の結果から求めましょう。

(1)より，$x=2$ のとき，$y=\boxed{11}$

　　　　　$x=5$ のとき，$y=\boxed{20}$

	x		2		5	
	y		11		20	

x の増加量は，$5-2=\boxed{3}$，y の増加量は，$\boxed{20}-11=9$

$変化の割合 = \dfrac{y \text{の増加量}}{x \text{の増加量}} = \dfrac{9}{\boxed{3}} = \boxed{3}$

(3) x の値が1から3まで増加するときの変化の割合を，(1)の結果から求めましょう。

(1)より，$x=1$ のとき，$y=\boxed{8}$

　　　　　$x=3$ のとき，$y=\boxed{14}$

	x		1		3	
	y		8		14	

x の増加量は，$3-1=\boxed{2}$，y の増加量は，$\boxed{14}-8=6$

$変化の割合 = \dfrac{y \text{の増加量}}{x \text{の増加量}} = \dfrac{6}{\boxed{2}} = \boxed{3}$

(2)と(3)で求めた変化の割合を比べます

計算しなくても変化の割合はわかるね。

(2)，(3)のように，1次関数の変化の割合は $\boxed{一定}$ で，
$y=ax+b$ の $\boxed{a}$ と等しいです。

1 １次関数 $y=-2x+3$ について，次の問いに答えましょう。

(1) x の値が -4 から 2 まで増加するときの y の増加量を求めましょう。

$x=-4$ のとき，$y=-2\times(-4)+3=$ ☐

$x=2$ のとき，$y=-2\times2+3=$ ☐

よって，☐ $-$ ☐ $=$ ☐

(2) x の値が -4 から 2 まで増加するときの変化の割合を，(1)の結果から求めましょう。

x の増加量は，$2-(-4)=$ ☐ だから，

変化の割合 $=\dfrac{y の増加量}{x の増加量}=\dfrac{-12}{☐}=$ ☐

2 次の１次関数の変化の割合を求めましょう。

(1) $y=2x-3$
変化の割合は，
$y=ax+b$ の

☐ と等しいから，

変化の割合は ☐

(2) $y=-x-8$

(3) $y=\dfrac{1}{3}x-4$

これで
カンペキ 反比例の変化の割合は？

比例と１次関数の変化の割合は一定ですが，反比例の変化の割合は一定にはなりません。
$y=\dfrac{12}{x}$ の対応表を使って，$\dfrac{y の増加量}{x の増加量}$ を確かめてみましょう。

x	1	2	3	4	6	12
y	12	6	4	3	2	1

-6　　-1

右欄：3章　１次関数

21 1次関数のグラフをかこう！

1次関数のグラフをかくには，x，yの値の組を座標とする点を求めます。

1 1次関数のグラフ

bを正の数とするとき，$y=ax+b$のグラフは，$y=ax$のグラフをy軸の正の方向にbだけ平行移動したグラフです。

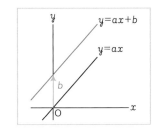

例 次の1次関数のグラフをかきましょう。

(1) $y=2x+1$

$x=-3$，-2，-1，0，1，2，3をそれぞれ代入して，yの値を求めます。

xとyの関係を表に表すと，

x	-3	-2	-1	0	1	2	3
y	-5	-3	-1	1	3	5	7

この表の点をとり，直線をかきます。

$y=2x+1$のグラフは$y=2x$のグラフをy軸の正の方向に 1 だけ平行移動したグラフです。

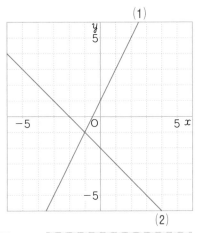

★グラフのかき方
グラフが通る2点をとり，直線をかきます。

(2) $y=-x-2$

xとyの関係を表に表すと，

x	-3	-2	-1	0	1	2	3
y	1	0	-1	-2	-3	-4	-5

この表の点をとり，直線をかきます。

$y=-x-2$のグラフは$y=-x$のグラフをy軸の 負 の方向に2だけ平行移動したグラフです。

正？負？

bが負の数のときは，下に移動するね。

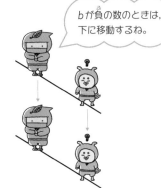

比例のグラフとかき方は同じじゃ！

解いてみよう！

1 次の1次関数のグラフをかきましょう。

(1) $y=3x-1$

xとyの関係を表に表すと，

x	-3	-2	-1	0	1	2	3
y	-10	-7	-4				8

この表の点をとり，直線をかきます。

$y=3x-1$のグラフは$y=3x$のグラフをy軸の負

の方向に □ だけ平行移動したグラフです。

(2) $y=-2x+4$

2 次の各組の1次関数で，イのグラフはアのグラフをどのように平行移動したグラフですか。

(1) $\begin{cases} ア \quad y=2x \\ イ \quad y=2x+3 \end{cases}$

y軸の正の方向に □ だけ
平行移動したグラフです。

(2) $\begin{cases} ア \quad y=-4x \\ イ \quad y=-4x-5 \end{cases}$

y軸の負の方向に □ だけ
平行移動したグラフです。

これで

カンペキ グラフをかくときはここに注意！

グラフをかくとき，xやyの変域に
条件がない場合，グラフはいっぱいま
でかきましょう。

グラフが途中で
切れています

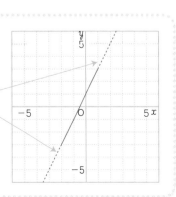

グラフの傾きと切片について知ろう！

直線 $y = ax + b$ で，a を傾き，b を切片といいます。
$y = ax + b$ のグラフは傾きと切片を使ってかくことができます。

1 傾きと切片

傾き a は，x が1だけ増加したときの
y の増加量を表します。
切片 b は，グラフが y 軸と交わる点
$(0, b)$ の y 座標を表します。

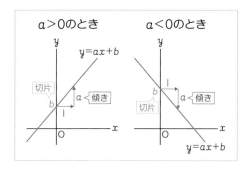

例 1次関数 $y = 3x - 2$ のグラフの傾きと切片を答えてグラフをかきましょう。

切片は，$\boxed{-2}$ だから，点 $(0, \boxed{-2})$ を通
ります。
└ $y = ax + b$ の b の値

傾きは，$\boxed{3}$ だから，x が1増加すると，y は
└ $y = ax + b$ の a の値

$\boxed{3}$ 増加するので，点 $(1, \boxed{1})$ を通ります。
└ $-2 + 3$
この2点を通る直線をかきます。

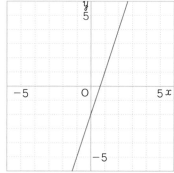

傾きが分数のときは，
$\dfrac{y \text{の増加量}}{x \text{の増加量}}$ を使って
考えよう。

例 右の直線の傾きと切片を読みとり，式を求めましょう。

点 $(0, \boxed{3})$ を通るので，切片は $\boxed{3}$ です。

また，x が1増加すると，y は $\boxed{2}$ 減少するので，

傾きは，$\boxed{-2}$ です。

よって，直線の式は，$y = \boxed{-2x + 3}$ になります。

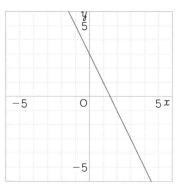

解いてみよう！

解答 p.9

① 次の1次関数のグラフの傾きと切片を答えてグラフをかきましょう。

(1) $y=2x-4$

切片は，□ だから，点$(0,$ □$)$ を通り

ます。　↳$y=ax+b$のbの値

傾きは，□ だから，xが1増加すると，yは

　　　↳$y=ax+b$のaの値

□ 増加するので，点$(1,$ □$)$ を通ります。

この2点を通る直線をかきます。

(2) $y=-\dfrac{1}{2}x+3$

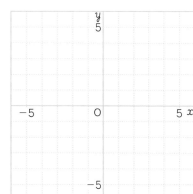

② 右の直線の傾きと切片を読みとり，式を求めましょう。

点$(0,$ □$)$ を通るので，切片は □ です。

また，xが1増加すると，yは □ 減少するので，

傾きは，□ です。

よって，直線の式は，$y=$ □ になり

ます。

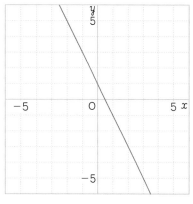

これで
カンペキ グラフの傾きの関係

1次関数$y=ax+b$のグラフでは，aの値によって，グラフの傾きぐあいが決まります。

aの絶対値が大きいほど，グラフの傾きぐあいも大きくなります。

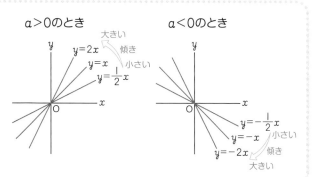

1次関数の変域を求めよう!

xとyのとりうる値の範囲を変域といいます。

1 変域

$a<b$	… aはbより小さい
$a≦b$	… aはb以下
$a>b$	… aはbより大きい
$a≧b$	… aはb以上

1次関数の変域は，グラフをかいて求めます。
変域は，不等号を使って表します。

例 1次関数$y=2x-1$で，xの変域を$2≦x≦5$とするとき，yの変域を求めましょう。

$x=2$のとき，$y=2×\boxed{2}-1=\boxed{3}$ ← $x=2$のときのyの値

$x=5$のとき，$y=2×\boxed{5}-1=\boxed{9}$ ← $x=5$のときのyの値

1次関数$y=2x-1$のグラフで，$2≦x≦5$に対応する
部分は，右の図の太線部分だから，

yの変域は，$\boxed{3}≦y≦\boxed{9}$

　　　　小さい値↑　　　大きい値↑

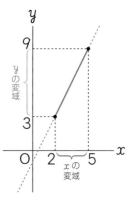

例 1次関数$y=-3x+2$で，xの変域を$1≦x≦3$とするとき，yの変域を求めましょう。

$x=1$のとき，$y=-3×\boxed{1}+2=\boxed{-1}$ ← $x=1$のときのyの値

$x=3$のとき，$y=-3×\boxed{3}+2=\boxed{-7}$ ← $x=3$のときのyの値

1次関数$y=-3x+2$のグラフで，$1≦x≦3$に対応する
部分は，右の図の太線部分だから，

yの変域は，$\boxed{-7}≦y≦\boxed{-1}$

　　　　小さい値↑　　　大きい値↑

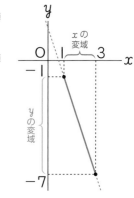

注意
グラフをかかずに変域を求めると，yの変域を
求めるときに間違いが起こりやすくなります。
1次関数$y=-2x+3$で，xの変域が$2≦x≦4$
とするときのyの変域

$x=2$のとき，$y=-2×2+3=-1$
$x=4$のとき，$y=-2×4+3=-5$
よって，$\underset{y\text{の変域が間違い}}{-1≦y≦-5}$ ⟶ $\underset{\text{正しい}y\text{の変域}}{-5≦y≦-1}$

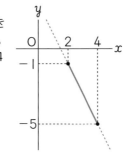

グラフをかいて変域を
求めるのじゃ！

① |次関数 $y=3x+1$ で, x の変域を $-2 \leqq x \leqq 1$ とするとき, 右のグラフをかいて y の変域を求めましょう。

$x=-2$ のとき, $y=3 \times (\boxed{})+1=\boxed{}$

$x=1$ のとき, $y=3 \times \boxed{}+1=\boxed{}$

y の変域は, $\boxed{} \leqq y \leqq \boxed{}$

　　　　　↑小さい値　　　↑大きい値

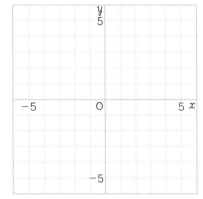

② |次関数 $y=-\dfrac{1}{2}x+3$ で, x の変域を $-4 \leqq x \leqq 2$ とするとき, 右のグラフをかいて y の変域を求めましょう。

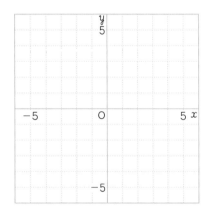

これで

カンペキ 変域の表し方

　x の変域に, $<$, $>$ がある場合も y の変域を求めることができます。

　$y=2x-1$ で, x の変域が $2 \leqq x < 5$ のときの y の変域

$x=2$ のとき, $y=3$, $x=5$ のとき, $y=9$

y の変域は, $3 \leqq y < 9$

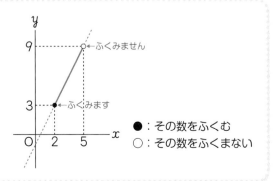

変化の割合と1組の値から式を求めよう！

1次関数で変化の割合と1組の x, y の値が与えられたとき，1次関数の式を求めることができます。

① 1次関数の式の求め方（変化の割合と1組の x, y の値が与えられたとき）

① $y=ax+b$ の a に変化の割合の値を代入する。
② ①の式に，x と y の値を代入する。
③ b の値を求める。

> 1次関数の式を求める
> ⇒ $ax+b$ の a と b を求める

（例）変化の割合が3で，$x=-2$ のとき $y=8$ である1次関数の式を求めましょう。

変化の割合が3だから，この1次関数は，$y=\boxed{3}x+b$ と表されます。

↑ $y=ax+b$ の a に3を代入

この式に，$x=-2$，$y=8$ を代入すると，

$\boxed{8}=3\times(\boxed{-2})+b$

b について整理します

$b=\boxed{14}$

求める1次関数の式は，$y=\boxed{3x+14}$

変化の割合は $y=ax+b$ の a のことじゃぞ！

（例）グラフの傾きが -2 で，点（4，1）を通る1次関数の式を求めましょう。

傾きが -2 だから，この1次関数は，$y=\boxed{-2}x+b$ と表されます。

↑ $y=ax+b$ の a に -2 を代入

点（4，1）を通るので，$x=4$，$y=1$ を代入すると，

$\boxed{1}=-2\times\boxed{4}+b$

b について整理します

$b=\boxed{9}$

求める1次関数の式は，$y=\boxed{-2x+9}$

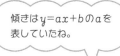

傾きは $y=ax+b$ の a を表していたね。

★変化の割合と傾き
変化の割合と傾きはそれぞれ表すものがちがいますが，同じ値 a となります。

> ・1次関数 $y=ax+b$ では，a は変化の割合を表す。
> ・$y=ax+b$ のグラフでは，a は直線の傾きを表す。

解いてみよう！

解答 p.10

1 次の１次関数の式を求めましょう。

(1) 変化の割合が２で，$x=-3$のとき$y=5$

変化の割合が２だから，この１次関数は，

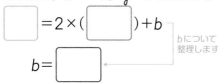

$y=$ ☐ $x+b$と表されます。

この式に，$x=-3$，$y=5$を代入すると，

☐ $=2×($ ☐ $)+b$ 　　　bについて整理します

$b=$ ☐

求める１次関数の式は，

$y=$ ☐

(2) 変化の割合が$\dfrac{1}{2}$で，$x=6$のとき$y=1$

(3) グラフの傾きが-4で，点$(5,-8)$を通る

傾きが-4だから，この１次関数は，

$y=$ ☐ $x+b$と表されます。

点$(5,-8)$を通るので，

$x=5$，$y=-8$を代入すると，

☐ $=-4×$ ☐ $+b$ 　　　bについて整理します

$b=$ ☐

求める１次関数の式は，

$y=$ ☐

(4) グラフの傾きが$-\dfrac{2}{3}$で，点$(6,-2)$を通る

これで カンペキ　グラフの切片と１点がわかるとき

グラフの切片と通る１点の座標がわかるときも１次関数の式を求めることができます。

グラフの切片が-2で，点$(2,4)$を通る１次関数の式を求める場合，

切片が-2だから，この１次関数の式は$y=ax-2$と表されます。

この式に$x=2$，$y=4$を代入して，$4=2a-2$　$2a=6$　$a=3$

求める１次関数の式は，$y=3x-2$とわかります。

2組の値から式を求めよう！

2組の x, y の値が与えられたときも，1次関数の式を求めることができます。

❶ 1次関数の式の求め方（2組の x, y の値が与えられたとき）

求める1次関数の式を $y=ax+b$ とおいて，
（方法1）2組の x, y の値より，変化の割合（傾き）a を求めてから，b の値を求める。
（方法2）2組の x, y の値を代入して，a, b の連立方程式をつくり，a, b の値を求める。

例　$x=2$ のとき $y=4$，$x=5$ のとき $y=13$ である1次関数の式を求めましょう。

（方法1）
　$x=2$ のとき $y=4$，$x=5$ のとき $y=13$ だから，

　変化の割合 a は，$\dfrac{13-\boxed{4}}{5-\boxed{2}}=\boxed{3}$

		xの増加量	
x	…	2 … 5	…
y	…	4 … 13	…
		yの増加量	

変化の割合 $=\dfrac{y\text{の増加量}}{x\text{の増加量}}$ を使って求めよう。

　この1次関数の式は $y=\boxed{3}x+b$ と表されます。

　$x=2$，$y=4$ を代入すると，

　$4=\boxed{3}\times2+b$

　$b=\boxed{-2}$　　　b について整理します

　求める1次関数の式は，$y=\boxed{3x-2}$

（方法2）
　求める1次関数の式を $y=ax+b$ とします。

　$x=2$ のとき $y=4$ だから，$4=\boxed{2}a+b$…①

　$x=5$ のとき $y=13$ だから，$13=\boxed{5}a+b$…②

　①，②を連立方程式として解くと，

　$a=\boxed{3}$，$b=\boxed{-2}$

　求める1次関数の式は，$y=\boxed{3x-2}$

★連立方程式の解き方（加減法）
①−②より，
$$\begin{array}{r} 2a+b=4 \\ -)\ 5a+b=13 \\ \hline -3a=-9 \\ a=3 \end{array}$$
$a=3$ を①の式に代入して，
$4=6+b$　$b=-2$

方法1と方法2のどちらの方法で解いても大丈夫だね。

その通りじゃ！a, b の値が分数のときは，方法2の方が計算しやすいぞ！

1 次の1次関数の式を求めましょう。

(1) $x=-1$ のとき $y=5$，$x=2$ のとき $y=-4$ である1次関数

　　$x=-1$ のとき $y=5$，$x=2$ のとき $y=-4$ だから，

　　変化の割合 a は，$\dfrac{-4-\boxed{}}{2-(\boxed{})}=\boxed{}$

　　この1次関数の式は $y=\boxed{}x+b$ と表されます。

　　$x=-1$，$y=5$ を代入すると，

　　$5=\boxed{}\times(-1)+b$

　　$b=\boxed{}$ ← b について整理します

　　求める1次関数の式は，$y=\boxed{}$

(2) $x=-6$ のとき $y=-3$，$x=4$ のとき $y=-8$ である1次関数

これで
カンペキ 平行な直線

　直線 $y=2x+3$ に平行で，点 $(1,-2)$ を通る直線の式を求める場合，右の図より，平行な直線の傾きは等しいので，この直線は，$y=2x+b$ と表されます。

　$x=1$，$y=-2$ を代入すると，$-2=2\times1+b$　$b=-4$ なので，求める直線の式は，$y=2x-4$ とわかります。

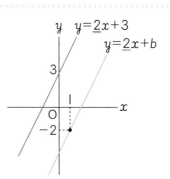

2元1次方程式のグラフをかこう!

2元1次方程式$ax+by+c=0$のグラフは直線になります。

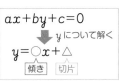

等式の変形を利用するのじゃ!!

❶ 2元1次方程式のグラフ

a，b，cを定数とするとき，2元1次方程式$ax+by+c=0$のグラフは直線になります。

$$ax+by+c=0$$
↓ yについて解く
$$y=\bigcirc x+\triangle$$
傾き　切片

(例) 方程式$3x-y-4=0$のグラフをかきましょう。

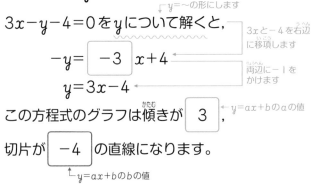

$y=\sim$の形にします

$3x-y-4=0$をyについて解くと，

$-y=\boxed{-3}\ x+4$ ← $3x$と-4を右辺に移項します

$y=3x-4$ ← 両辺に-1をかけます

この方程式のグラフは傾きが$\boxed{3}$，← $y=ax+b$のaの値

切片が$\boxed{-4}$の直線になります。

└ $y=ax+b$のbの値

❷ 座標軸に平行なグラフ

$y=k$のグラフは，点$(0,\ k)$を通りx軸に平行な直線。
$x=h$のグラフは，点$(h,\ 0)$を通りy軸に平行な直線。

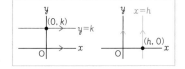

(例) 次の方程式のグラフをかきましょう。

(1) $3y=6$

$3y=6$をyについて解くと，$y=\boxed{2}$

このグラフは，点$(0,\ \boxed{2}\ )$を通り，

$\boxed{(x軸)\cdot y軸}$に平行な直線になります。

└ 正しいのは？

(2) $5x+15=0$

$5x+15=0$をxについて解くと，$x=\boxed{-3}$

このグラフは，点$(\boxed{-3}\ ,\ 0)$を通り，

$\boxed{x軸\cdot (y軸)}$に平行な直線になります。

└ 正しいのは？

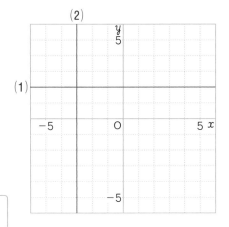

x軸，y軸のどちらに平行になるかは，グラフをかけばわかるね。

解いてみよう！

解答 p.10

1 次の方程式のグラフをかきましょう。

(1) $2x+y+1=0$

　　　$2x+y+1=0$ を y について解くと，

└ $y=$〜の形にします

$2x$を右辺に移項します

　　　$y=$ [　　] $x-1$

　　この方程式のグラフは傾きが [　　] ，

└ $y=ax+b$のaの値

　　切片が [　　] の直線になります。

└ $y=ax+b$のbの値

(2) $6x+2y=8$

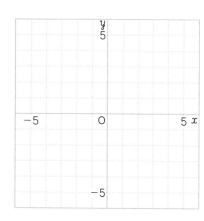

2 次の方程式のグラフをかきましょう。

(1) $4x+8=0$

　　　$4x+8=0$ を x について解くと，$x=$ [　　]

　　このグラフは，点([　　] , 0)を通り，

　　[x軸・y軸] に平行な直線になります。

└ 正しい方に○をつけよう

(2) $3y+12=0$

　　　$3y+12=0$ を y について解くと，$y=$ [　　]

　　このグラフは，点(0, [　　])を通り，

　　[x軸・y軸] に平行な直線になります。

└ 正しい方に○をつけよう

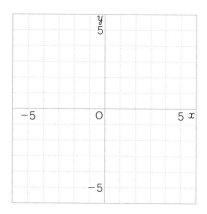

これで
カンペキ $y=k$，$x=h$のグラフ

　　$y=k$のグラフ上の点のy座標はいつでもk，
$x=h$のグラフ上の点のx座標はいつでもhになります。

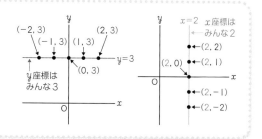

3章　1次関数

交点の座標を求めよう！

x, yについての連立方程式の解は，それぞれの方程式のグラフの交点のx, y座標と等しくなります。

1 交点の座標

連立方程式の解は，2つの直線の交点の座標から，求めることができます。

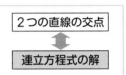

2つの直線の交点
⇩
連立方程式の解

例 連立方程式 $\begin{cases} x+y=2 & \cdots① \\ 2x-3y=9 & \cdots② \end{cases}$ の解を，グラフを利用して求めましょう。

①をyについて解くと，$y=$ $\boxed{-x+2}$

②をyについて解くと，$y=$ $\boxed{\dfrac{2}{3}x-3}$

└ グラフをかくために傾きと切片を求めます

傾きと切片から①，②のグラフをそれぞれ
かくと右の図のようになります。

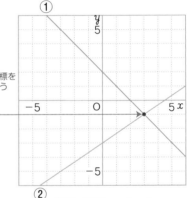

交点の座標を
読みとろう

①，②の交点の座標は，（ $\boxed{3}$ ， $\boxed{-1}$ ）です。

┌ x座標　┌ y座標

よって，解は，$x=$ $\boxed{3}$ ，$y=$ $\boxed{-1}$ になります。

まずはグラフを
かく求め方を理
解するのじゃ！

例 2つの直線$y=2x+3$…①，$y=\dfrac{1}{3}x-2$…②の交点の座標を求めましょう。

①，②を連立方程式として解きます。

└ 連立方程式の解⇔交点の座標

②を①に代入すると，$\dfrac{1}{3}x-2=2x+3$

代入法を使って，
yを消去します

両辺に3
をかけます

$x-6=6x+9$

$-5x=15$

$x=$ $\boxed{-3}$

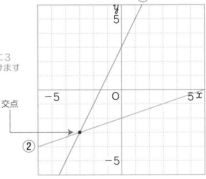

交点

$x=$ $\boxed{-3}$ を①に代入して，

$y=2×($ $\boxed{-3}$ $)+3=$ $\boxed{-3}$

よって，交点の座標は，（ $\boxed{-3}$ ， $\boxed{-3}$ ）です。

連立方程式を使って
交点の座標を求める
こともできるね！

解いてみよう！

解答 p.11

1 連立方程式 $\begin{cases} x+y=2 & \cdots① \\ 3x-2y=6 & \cdots② \end{cases}$ の解を，グラフを利用して求めましょう。

①を y について解くと， $y=$ ☐

②を y について解くと， $y=$ ☐

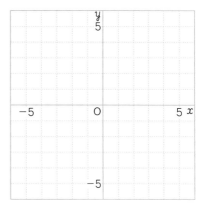

傾きと切片から①，②のグラフをそれぞれかくと，
右の図のようになります。

①，②の交点の座標は，(☐ x座標 ， ☐ y座標)です。

よって，解は， $x=$ ☐ ， $y=$ ☐ になります。

2 2つの直線 $y=x-5$，$y=-\dfrac{1}{2}x-2$ の交点の座標を求めましょう。

これで
カンペキ 交点の座標の求め方（座標が整数でないとき）

交点の座標が整数でないときには，
連立方程式を解いて座標を求めます。

①の式：$y=\dfrac{1}{2}x+1$

②の式：$y=-\dfrac{3}{2}x+3$

⟹ 連立方程式を解く

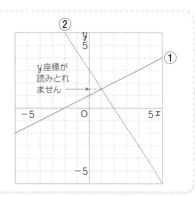

y座標が
読みとれ
ません

3章　1次関数

1次関数のグラフを読みとろう!

グラフを利用した問題では，グラフから時間や道のりを読みとりましょう。

例　兄は家を出発して2400m離れた駅へ歩いて向かいます。弟は兄が出発するのと同時に，駅から家へ分速120mで自転車に乗って向かいます。下の図は，兄が出発してからx分後の家からの道のりymの関係をグラフに表したものです。

(1)　兄の歩く速さを求めましょう。　グラフから読みとります

兄は2400m離れた駅まで，│30│分かかっているので，兄の歩く速さは，$\dfrac{2400}{30}$=│80│

速さ＝道のり／時間

よって，分速│80│mです。

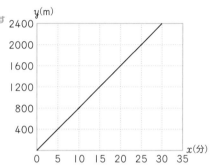

(2)　弟が家に着くのは，出発してから何分後ですか。グラフを利用して求めましょう。

弟は出発したときに駅にいるから，グラフは点(0，│2400│)を通ります。

また，弟の歩く速さは分速120mだから，10分間に│1200│m進むので，グラフは点(10，│1200│)を通ります。

2400−1200＝1200(m)

2点を通る直線をひくと，右のようなグラフになります。

よって，│20│分後です。

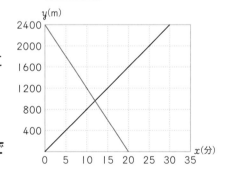

(3)　兄と弟がすれ違うのは，出発してから何分後ですか。

兄のグラフの式は，$y=$│80│x　…①

兄の速さ

弟のグラフの式は，$y=$│−120│$x+2400$…②

①，②を連立方程式として解くと，

$x=$│12│，$y=$│960│

出発してからの時間　　　　家からの道のり

よって，│12│分後です。

★傾きに注意
弟は逆向きに進むので，グラフは右下がりです。

これで1次関数はマスターじゃ！

 解いて みよう！　解答 p.11

1 増太郎が8時に家を出発して1600m離れた図書館まで歩きます。右の図は，増太郎が出発してから x 分後の家からの道のり y m の関係を表したグラフです。

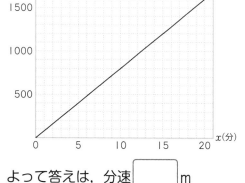

(1) 増太郎の速さを求めましょう。

増太郎は1600m離れた図書館まで，

〔　　　　〕分かかっているので，

増太郎の歩く速さは， $\dfrac{1600}{\boxed{}} = \boxed{}$

速さ＝道のり／時間

よって答えは，分速〔　　　〕m

(2) 増太郎が出発してから10分後に，増太郎のわすれ物を持った小太郎が家を出発して，分速180mで自転車に乗って追いかけました。小太郎が増太郎に追いついたのは8時何分ですか。グラフを利用して求めましょう。

小太郎は10分後に家を出発したから，グラフは点 $(10,\ \boxed{})$ を通ります。

小太郎のグラフの式は， $y=180x+b$ とおけて，

点 $(10,\ \boxed{})$ を通るので， $x=10$ ， $y=\boxed{}$ を代入すると，

$0=180\times10+b\quad b=\boxed{}$

増太郎のグラフの式は， $y=80x\cdots$ ①

小太郎のグラフの式は， $y=180x-\boxed{}\cdots$ ②

①，②を連立方程式として解くと，

$x=\boxed{}$ ， $y=\boxed{}$

小太郎が増太郎に追いつくのは増太郎が出発してから〔　　　　〕分後なので，

答えは，8時〔　　　〕分

これで
カンペキ グラフの傾きと速さ

x を時間， y を道のりとおくと，
グラフの傾きが速さを表します。

$$傾き=\dfrac{y\text{の増加量}}{x\text{の増加量}}=\dfrac{\text{道のり}}{\text{時間}}=\text{速さ}$$

確認テスト

解答 p.12

/100点

1 次の関数について，yがxの1次関数になっているものをすべて選び，記号で答えましょう。(6点)

ア　$y＝4x^2$　　　イ　$y＝-x+4$　　　ウ　$y＝-3x$　　　エ　$y＝\dfrac{8}{x}$

2 1次関数$y＝3x+5$について，xの値が2から6まで増加するときのyの増加量と変化の割合を求めましょう。(8点×2)

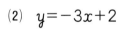

yの増加量　　　　　　　　　　　　　変化の割合

3 次の方程式が表すグラフをかきましょう。(8点×4)

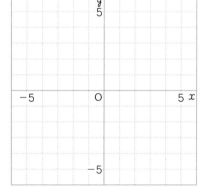

(1)　$y＝2x-1$

(2)　$y＝-3x+2$

(3)　$y＝\dfrac{1}{3}x-2$

(4)　$x＝-4$

4 １次関数 $y=-2x+1$ で，xの変域を$-2\leqq x\leqq 3$とするとき，グラフをかいて yの変域を求めましょう。(10点)

ステージ **23**

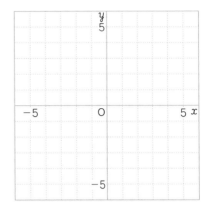

③章

１次関数

5 次の１次関数の式を求めましょう。(12点×2)

ステージ **24** **25**

⑴　変化の割合が３で，$x=2$のとき$y=-1$

⑵　$x=1$のとき$y=-2$，$x=4$のとき$y=10$

6 右の図で，直線①と直線②の交点の座標を求めましょう。(12点)

ステージ **27**

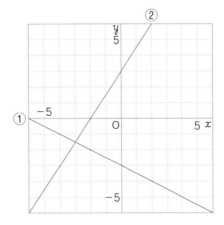

数魔小太郎からの挑戦状

解答 p.12

チャレンジこそが上達の近道!

問題

　右の図は，1次関数 $y=2x\cdots$①，$y=-x+9\cdots$②
のグラフです。原点をO，直線①と②の交点をA，直
線②と x 軸の交点をBとするとき，△OABの面積を
求めましょう。

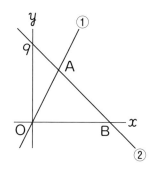

答え　①と②を連立方程式として解くと，

$x=$ ①＿＿＿＿，$y=$ ②＿＿＿＿となるので，

Aの座標は，(①＿＿＿＿，②＿＿＿＿)

また，Bの y 座標は，③＿＿＿だから，

②の式に $y=$ ③＿＿＿を代入して，x について解くと，$x=$ ④＿＿＿

よって，Bの座標は，(④＿＿＿，③＿＿＿)

△OABで，底辺をOBとすると，OB＝⑤＿＿＿，高さは⑥＿＿＿より，

$△OAB=\dfrac{1}{2}\times$ ⑤＿＿＿$\times$ ⑥＿＿＿＝⑦＿＿＿

1次関数と図形を組み合わせた問題に挑戦するのじゃ!

「関数の巻」伝授!

次は
合同の巻を
見つけよう

平行と合同

次の修行は「合同の国」。

平行な直線と角，三角形・四角形の内角と外角など，この国ではおぼえることがいっぱい。

形も大きさも等しい合同な図形がわかってこそ，算術上忍にふさわしい。

雪山の中にあるという，「合同の巻」を手に入れろ！

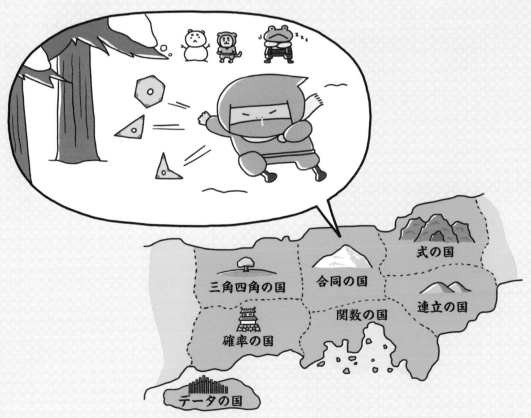

対頂角・同位角・錯角をおぼえよう！

2つの直線が交わってできる角や，2つの直線に1つの直線が交わってできる角には，それぞれ名前がつけられています。

❶ 対頂角

2つの直線が交わってできる角のうち，向かい合っている角を対頂角といいます。対頂角は等しくなります。

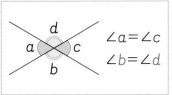

$\angle a = \angle c$
$\angle b = \angle d$

対頂角は等しい

例 右の図で，∠x，∠y の大きさを求めましょう。

対頂角 は等しいから，∠$x =$ 75 °

一直線の角は 180 °より，

$\angle y = 180° - 75° =$ 105 °

❷ 同位角・錯角

2つの直線に1つの直線が交わってできる角のうち
∠aと∠bのような位置にある角を同位角，
∠cと∠dのような位置にある角を錯角といいます。

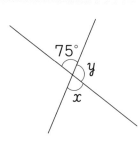

同位角　錯角

例 右の図で，∠cについての次の角を求めましょう。

(1) 同位角

∠cの同位角は，∠ g です。

(2) 錯角

∠cの錯角は，∠ e です。

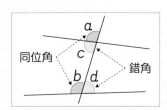

★錯角の見つけ方
錯角はアルファベットの「z」の形を探すと見つけやすくなります。

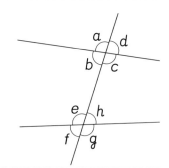

「z」を裏返した形のときも錯角だね。

フムフム

解いて みよう！　　解答 p.13

1 次の図で，∠x，∠y の大きさを求めましょう。

(1)

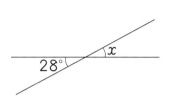

$\boxed{}$ は等しいから，

$\angle x = \boxed{}$°

(2)

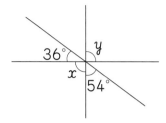

一直線の角は $\boxed{}$° だから，

$\angle x = 180° - (36° + 54°)$

$\quad = \boxed{}$°

$\angle x$ と $\angle y$ は $\boxed{}$ だから，

$\angle y = \boxed{}$°

2 右の図において，次の問いに答えましょう。

(1) 図の ∠a〜∠h の角のうち，同位角となる2つの角の組をすべて書きましょう。

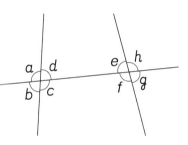

(2) 図の ∠a〜∠h の角のうち，錯角となる2つの角の組をすべて書きましょう。

これで
カンペキ　これって同位角？

直線が3本に増えても，2直線に1つの直線が交わっていれば，同位角になります。

右の図で，∠a と∠b は同位角です。

錯角も同じように考えることができます。

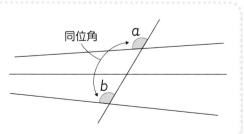

4章
平行と合同

30 平行線と角の関係を知ろう！

平行な2直線に1つの直線が交わるとき，同位角と錯角は等しくなります。

① 平行線と角

2つの直線が平行ならば，
同位角，錯角は等しくなります。

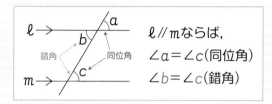

$\ell /\!/ m$ ならば，
$\angle a = \angle c$（同位角）
$\angle b = \angle c$（錯角）

例 次の図で，$\ell /\!/ m$のとき，$\angle x$の大きさを求めましょう。

(1)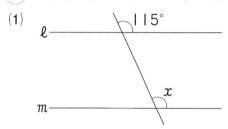

(2)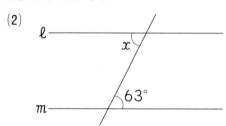

(1) 平行線の 同位角 は等しいから，$\angle x =$ 115 °

(2) 平行線の 錯角 は等しいから，$\angle x =$ 63 °

錯角は「z」の形
を探すのじゃ！

② 平行線になるための条件

2つの直線に1つの直線が交わるとき，
右のどちらかが成り立てば2直線は平
行といえます。

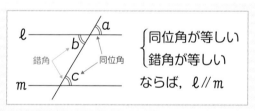

同位角が等しい
錯角が等しい
ならば，$\ell /\!/ m$

例 右の図で，直線aとb，直線cとdはそれぞれ平行といえますか。

直線aとbに注目すると，

錯角が等しいと いえる ・ いえない から，
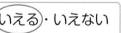
└ 正しいのは？

平行であると いえます ・ いえません 。
└ 正しいのは？

直線cとdに注目すると，

同位角が等しいと いえる ・ いえない から，
└ 正しいのは？

平行であると いえます ・ いえません 。
└ 正しいのは？

角の関係から
考えよう。

解いてみよう！

解答 p.13

1 次の図で，ℓ // m のとき，∠x の大きさを求めましょう。

(1)
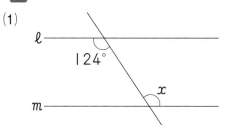

(2)
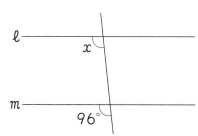

(1) 平行線の ☐☐☐ は等しいから，∠x = ☐☐☐°

(2) 平行線の ☐☐☐ は等しいから，∠x = ☐☐☐°

2 右の図で，直線aとb，直線cとdはそれぞれ平行といえますか。

直線aとbに注目すると，

錯角が等しいと ☐ いえる・いえない ☐ から，

└→ 正しい方に○をつけよう

平行であると ☐ いえます・いえません ☐。

└→ 正しい方に○をつけよう

直線cとdに注目すると，

同位角が等しいと ☐ いえる・いえない ☐ から，

└→ 正しい方に○をつけよう

平行であると ☐ いえます・いえません ☐。

└→ 正しい方に○をつけよう

これで カンペキ 平行線と角〜特別編〜

右の図で，2つの直線が平行のとき，
∠aと∠bの和は180°になります。

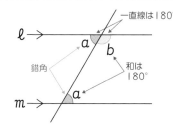

ℓ // m のとき，
∠a + ∠b = 180°

三角形の内角と外角について知ろう！

多角形の２つの辺がつくる角を内角，１つの辺を外側にのばしたものと，となりの辺がつくる角を外角といいます。

1 三角形の内角の和

三角形の内角の和は180°になります。

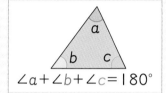

$\angle a + \angle b + \angle c = 180°$

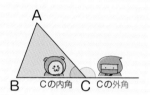

Cの内角　Cの外角

例 右の図で，∠xの大きさを求めましょう。

三角形の内角の和は $\boxed{180}$ °だから，

$\angle x = 180° - (70° + \boxed{45}°)$

〜〜〜〜〜〜〜〜〜〜
x以外の内角の和

$= \boxed{65}$ °

└ 180° − 115°

2 三角形の内角と外角の性質

三角形の１つの外角は，それととなり合わない２つの内角の和に等しくなります。

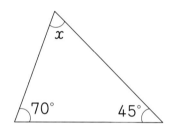

$\angle a + \angle b = \angle c$

例 次の図で，∠xの大きさを求めましょう。

(1)

$\angle x = 57° + \boxed{62}$ °

〜〜〜〜〜〜〜〜〜〜〜〜
xととなり合わない２つの内角の和

$= \boxed{119}$ °

(2)

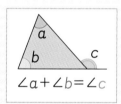

$\angle x = 63° - \boxed{25}$ °

〜〜〜〜〜〜〜〜〜〜
$\angle x + 25° = 63°$ より

$= \boxed{38}$ °

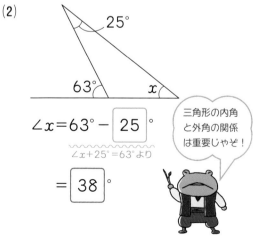

三角形の内角と外角の関係は重要じゃぞ！

解答 p.13

1 次の図で，∠xの大きさを求めましょう。

(1)

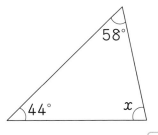

$$\angle x = 180° - (44° + \boxed{}°)$$

x以外の内角の和

$$= \boxed{}°$$

(2)

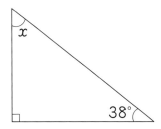

(3)

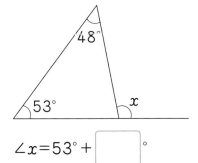

$$\angle x = 53° + \boxed{}°$$

xととなり合わない2つの内角の和

$$= \boxed{}°$$

(4)

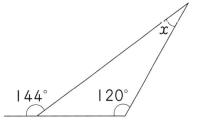

これで カンペキ　三角形の内角の和が180°になる説明

　三角形の内角の和が180°になるのは，ステージ30の平行線と角の関係を使って説明することができます。

　右の図のように，Cを通ってABに平行な直線をひくと，
∠a＝∠a′（平行線の錯角は等しい）
∠b＝∠b′（平行線の同位角は等しい）
∠a＋∠b＋∠c＝∠a′＋∠b′＋∠c
　　　　　　　＝180°

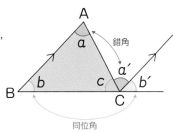

右側縦書き：4章　平行と合同

内角の和と外角の和を求めよう!

多角形の内角の和は，多角形を1つの頂点から出る対角線で三角形に分けて考えます。
多角形の外角の和は360°になります。

1 多角形の内角の和

n角形の内角の和は，$180° \times (n-2)$になります。

三角形の個数

内角

多角形を三角形に
分けて考えよう。

例 右の図で，∠xの大きさを求めましょう。

五角形の内角の和は，$180° \times (\boxed{5} -2) = \boxed{540}$°

五角形

よって，∠$x = 540° - (88° + 73° + \boxed{128}° + 115°)$

x以外の内角の和

$= 540° - 404°$

$= \boxed{136}$°

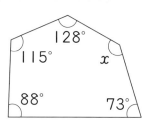

2 多角形の外角の和

多角形の外角の和は，360°になります。

内角　外角

例 右の図で，∠xの大きさを求めましょう。

何角形でも変わりません

多角形の外角の和は，$\boxed{360}$°になります。

よって，∠$x = 360° - (70° + 83° + \boxed{89}° + 64°)$

x以外の外角の和

$= 360° - \boxed{306}$°

$= \boxed{54}$°

右の図のような，へこみ
のあるものは多角形と考
えないことにするぞ!

解いて みよう！　　　解答p13

1 次の図で，∠xの大きさを求めましょう。

(1)
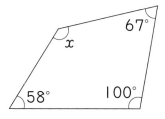

(2)
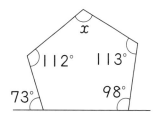

四角形の内角の和は，

$180° \times (\boxed{} - 2) = \boxed{}°$
　　　　　四角形

よって，

$\angle x = 360° - (58° + 100° + \boxed{}°)$

$= 360° - 225°$

$= \boxed{}°$

2 次の問いに答えましょう。

(1) 正八角形の1つの内角の大きさを求めましょう。

八角形の内角の和は，$180° \times (\boxed{} - 2) = \boxed{}°$

正八角形の内角はすべて等しいので，$\boxed{}° \div 8 = \boxed{}°$
　　　　　　　　　　　　　　　　　　　└正八角形の内角の和

(2) 正十角形の1つの外角の大きさを求めましょう。

これで

カンペキ 内角と外角の関係を利用しよう！

　内角と外角の和が180°になることを利用して，正多角形の1つ
の内角の大きさを求めることもできます。
　右の図で，
(正五角形の1つの内角の大きさ)+(正五角形の1つの外角の大きさ)=180°
正五角形の1つの外角の大きさは，360°÷5=72°
よって，正五角形の1つの内角の大きさは，180°−72°=108°

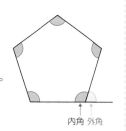

内角 外角

合同な図形について知ろう！

移動することで重ね合わせることができる2つの図形を合同な図形といいます。

1 合同な図形

右の図で，△ABCと△DEFが合同になる
とき，△ABC≡△DEFと表します。

合同な図形では，

　① 対応する線分の長さは等しい。
　② 対応する角の大きさは等しい。

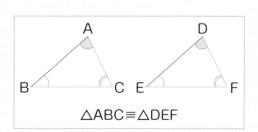

△ABC≡△DEF

例 右の図の2つの四角形が合同であるとき，次の問いに答えましょう。

(1) 2つの四角形が合同であることを合同の
記号「≡」を使って表しましょう。

四角形ABCD≡　四角形HGFE　←対応順に注意！

(2) 頂点Cに対応する頂点を答えましょう。

頂点Cに対応する頂点は，頂点　F　です。
　　　　　重なり合う頂点

(3) 辺ADに対応する辺を答えましょう。

辺ADに対応する辺は，辺　HE　です。
　　　　　重なり合う辺

(4) ∠Aの大きさを求めましょう。

∠Aに対応する角は，∠　H　だから，
　　　重なり合う角

∠A＝∠　H　＝　125　°

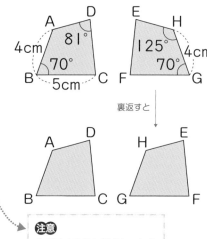

裏返すと

注意
合同な図形を記号で表す
ときは，重なり合う頂点
を順に並べます。

合同がわかりにくいときは，
図形の向きをそろえよう！

★辺，角，頂点の対応順の見つけ方
2つの図形の合同を，記号を使って表せば，辺や角，頂点の対応順は図を見なくてもわかります。

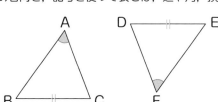

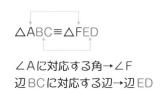

△ABC≡△FED

∠Aに対応する角→∠F
辺BCに対応する辺→辺ED

解いて みよう！

解答 p.14

1 右の図の2つの四角形は合同です。
このとき，次の問いに答えましょう。

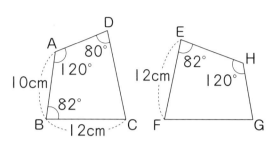

(1) 2つの四角形が合同であることを，合同
の記号「≡」を使って表しましょう。

四角形ABCD≡ [　　　　　　　　]
　　　　　　　↑ 対応順に注意！

(2) 頂点Gに対応する頂点を答えましょう。

頂点Gに対応する頂点は，頂点 [　] です。
　　　重なり合う頂点

(3) 辺HEの長さを求めましょう。

辺HEに対応する辺は，辺 [　　] より，HE＝ [　　] ＝ [　　] cm
　　　重なり合う辺

(4) ∠Fの大きさを求めましょう。

∠Fに対応する角は，∠ [　　] です。
　　　重なり合う角

四角形の内角の和は，180°×(4−2)＝360°なので，

∠F＝∠ [　　] ＝360°−(120°＋82°＋ [　　] °)＝ [　　] °

これで
カンペキ 合同の表し方（五角形）

三角形・四角形以外のときも合同の記号「≡」
を使って表すことができます。

右の図では，五角形ABCDE≡五角形JKLMN
と表せます。

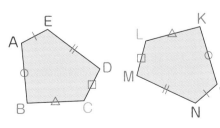

三角形の合同条件

三角形の合同条件をおぼえよう！

2つの三角形が合同かどうかは，三角形の合同条件を使って判断します。

1 三角形の合同条件

2つの三角形で，次の条件のどれかが成り立てば，2つの三角形は合同です。

① 3組の辺がそれぞれ等しい。	② 2組の辺とその間の角がそれぞれ等しい。	③ 1組の辺とその両端の角がそれぞれ等しい。
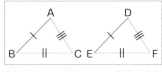	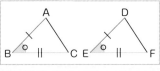	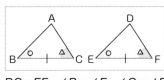
AB＝DE，BC＝EF，CA＝FD	AB＝DE，BC＝EF，∠B＝∠E	BC＝EF，∠B＝∠E，∠C＝∠F

例 次の図の三角形を，合同な三角形の組に分けましょう。また，そのときに使った合同条件を答えましょう。

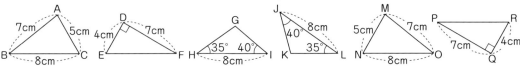

① AB＝MO，BC＝ ON ，CA＝NMより，

3組の辺 がそれぞれ等しいから，△ABC≡△ MON

対応順に注意！

等しい辺や等しい角を探すのじゃぞ！

② DE＝QR，DF＝QP，∠D＝∠ Q より，

2組の辺とその間の角 がそれぞれ等しい

から，△DEF≡△ QRP

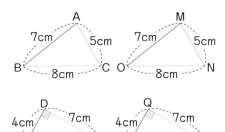

③ HI＝LJ，∠H＝∠ L ，∠I＝∠Jより，

1組の辺とその両端の角 がそれぞれ等しい

から，△GHI≡△ KLJ

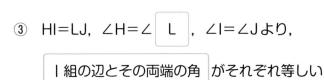

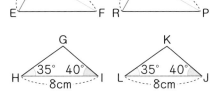

解いてみよう！

❶ 次の図の三角形を，合同な三角形の組に分けましょう。また，そのときに使った合同条件を答えましょう。

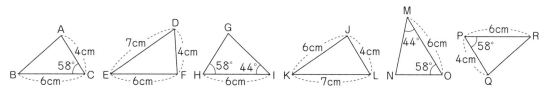

① ＿＿＿＿＿＿＿＿＿ がそれぞれ等しいから，△ABC≡△＿＿＿

② ＿＿＿＿＿＿＿＿＿ がそれぞれ等しいから，△DEF≡△＿＿＿

③ ＿＿＿＿＿＿＿＿＿ がそれぞれ等しいから，△GHI≡△＿＿＿

❷ 次の図において，合同な三角形を，記号「≡」を使って表しましょう。また，そのときに使った三角形の合同条件を答えましょう。ただし，同じ印をつけた辺や角は，それぞれ等しいものとします。

(1)

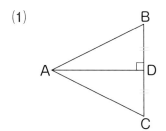

(2)

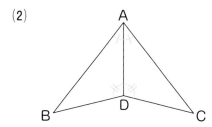

これで

カンペキ 三角形の残りの角にご用心！

三角形の1つの辺と1つの角が等しい場合にも，三角形の合同条件が使えることがあります。残りの角が等しいかを確認しましょう。

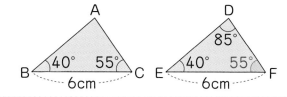

∠F＝180°−(40°＋85°)＝55°
1組の辺とその両端の角がそれぞれ等しいから，△ABC≡△DEF

仮定と結論を理解しよう!

「○○○ならば△△△」という形で書かれたとき, ○○○の部分を仮定, △△△の部分を結論といいます。

1 仮定と結論

あることがらが「○○○ならば△△△」という形で
書かれたとき, 仮定は「ならば」の前の部分○○○,
　　　　　　 結論は「ならば」のあとの部分△△△です。

> ○○○ならば△△△
>
> 　仮定　　　　結論

例 次のことがらについて, 仮定と結論を答えましょう。

(1) △ABC≡△DEF ならば, AC=DF である。

仮定… $\triangle ABC \equiv \triangle DEF$

結論… $AC = DF$

「増太郎　　ならば　　忍者である。」

　仮定　　　　　　　結論

カッコイイ

(2) x が6の倍数ならば, x は3の倍数である。

仮定… x が6の倍数

結論… x は3の倍数

> 6の倍数→6, 12, 18, 24, 30, …
> 3の倍数→3, 6, 9, 12, 15, 18, …

例 次のことがらについて, 仮定と結論を図の記号を使って式で表しましょう。

「2つの直線が平行ならば, 同位角は等しい。」

文字で書くと,

仮定… 2つの直線が平行

2つの直線が平行であることを
記号を使って表します

結論… 同位角は等しい

図の記号で表すと,

同位角は等しいことを
記号を使って表します

仮定… $\ell /\!/ m$

結論… $\angle a = \angle b$

> 記号を使って仮定と結論を
> 表すこともできるね。

解答 p.14

1 次のことがらについて，仮定と結論を答えましょう。

(1) $a=b$ならば，$a+c=b+c$である。

仮定…　[　　　　　　]　← 「ならば」の前の部分

結論…　[　　　　　　]　← 「ならば」のあとの部分

(2) △ABCで，∠A＝90°ならば，∠B＋∠C＝90°である。

2 次のことがらについて，仮定と結論を図の記号を使って式で表しましょう。

(1) 錯角が等しいならば，2つの直線は平行である。

仮定…　[　　　　　　]　← 錯角が等しい

結論…　[　　　　　　]　← 2つの直線は平行

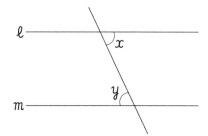

(2) 2つの三角形の3組の辺がそれぞれ等しいならば，2つの三角形は合同である。

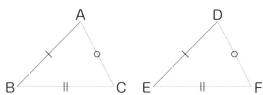

合同の証明の書き方をおぼえよう!

あることがらが成り立つわけを，今までに習った性質を根拠にして示すことを証明といいます。

1 証明の書き方

問題で与えられた条件を仮定，証明を使って導くことを結論といいます。

仮定 → すでに正しいと認められていることを根拠として，仮定からすじ道を立て結論を導く → 結論

例 右の図で，AB＝AC，∠BAD＝∠CADであるとき，△ABD≡△ACDであることを証明しましょう。

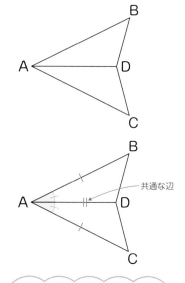

（仮定）AB＝ $\boxed{\text{AC}}$ ，∠BAD＝ $\boxed{\angle \text{CAD}}$
└ 問題文から読みとります

（結論）△ABD≡△ $\boxed{\text{ACD}}$
└ 証明を使って導くこと

（証明）△ABDと△ $\boxed{\text{ACD}}$ において，

仮定より，AB＝ $\boxed{\text{AC}}$ ……①

∠BAD＝∠ $\boxed{\text{CAD}}$ ……②

共通な辺だから，AD＝AD ……③
〜重なっている辺は「共通な辺」と表します

①，②，③より，

$\boxed{\text{2組の辺とその間の角}}$ がそれぞれ等しいから，
└ 合同条件

△ABD≡△ $\boxed{\text{ACD}}$

図の中に，等しい辺や角の情報をかきこんで考えるのじゃ！

★三角形の合同の証明の書き方
1 合同を証明する2つの三角形を書く。→（ア）
2 等しい角や辺を書く。　　　　　　　→（イ）
3 2が等しい理由を書く。　　　　　　→（ウ）
4 合同条件を書いて，
　三角形が合同になることを示す。　→（エ）

（証明）
△（ア）と△（ア）において，
　（ウ）だから，（イ）＝（イ）
　（ウ）だから，（イ）＝（イ）
　（ウ）だから，（イ）＝（イ）
　　（エ）　がそれぞれ等しいから，
△（ア）≡△（ア）

解いてみよう！

解答 p.14

1 右の図で，AC∥DB，CO＝DOならば，
△ACO≡△BDOであることを証明しましょう。

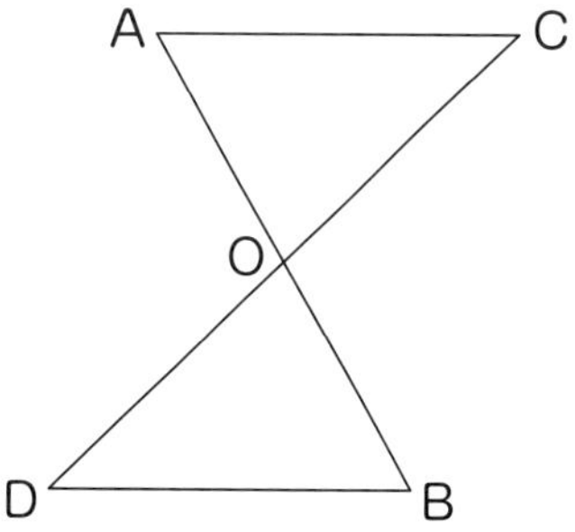

（仮定）　AC∥DB，CO＝[　　] ← 問題文から読みとります

（結論）　△ACO≡△[　　]

（証明）　△ACOと△[　　]において，

　　　　仮定より，CO＝[　　] …①

　　　　AC∥DBより，錯角が等しいから，

　　　　∠ACO＝∠[　　] …②

　　　　対頂角は等しいから，∠AOC＝∠[　　] …③

　　　　①，②，③より，

　　　　[　　　　　　　　　　　　　] がそれぞれ等しいから，
　　　　└ 合同条件

　　　　△ACO≡△[　　]

A　　　　　　C

O

D　　　　　B

> 等しい辺や角に印を
> つけると解きやすい。

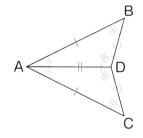

これで

カンペキ 等しい角や等しい辺を証明するとき

　等しい角や等しい辺を証明するときに，合同の証明を使います。

　例で△ABDと△ACDの合同が証明できれば，対応する辺や，対応する角が等しいことも示せます。

△ABD≡△ACD
↓
BD＝CD
∠ABD＝∠ACD
∠ADB＝∠ADC

4章　平行と合同

確認テスト

解答 p.15

/100点

1 次の図で，∠xの大きさを求めましょう。(8点×2)

▶ステージ **29**

(1)

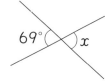

(2)

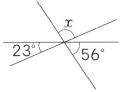

2 次の図で，ℓ∥mのとき，∠xの大きさを求めましょう。(8点×2)

▶ステージ **30**

(1)

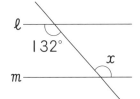

(2)

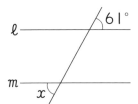

3 次の図で，∠xの大きさを求めましょう。(8点×2)

▶ステージ **31**

(1)

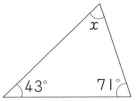

(2)

| 1つの外角の大きさが45°の正多角形は正何角形か求めましょう。(8点)

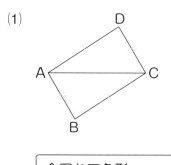 次の図において、合同な三角形を、記号「≡」を使って表しましょう。また、そのときに使った三角形の合同条件を答えましょう。ただし、同じ印をつけた辺はそれぞれ等しいものとします。(6点×4)

(1)

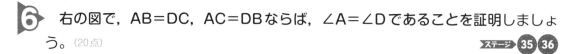

(2)

合同な三角形

合同条件

合同な三角形

合同条件

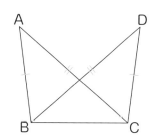 右の図で、AB＝DC、AC＝DBならば、∠A＝∠Dであることを証明しましょう。(20点)

4章

平行と合同

数魔小太郎からの挑戦状

解答 p.15

チャレンジこそが上達の近道！

問題

　右の図で，五角形ABCDEが正五角形のとき，∠xの大きさを求めましょう。ただし，$\ell /\!/ m$ とします。

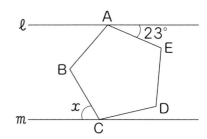

答え　点Bを通り，ℓ，mに平行な直線nをひき，EDとの交点をFとします。また，ℓ上のAの左に点Gをとります。

正五角形ABCDEの内角の和は，

①_____° だから，１つの内角の大きさは，

②_____° になります。

よって，∠GAB＝180°－23°－②_____°＝③_____°

また，$\ell /\!/ n$より，平行線の錯角は等しいから，

∠GAB＝∠④_____

∠FBC＝②_____°－∠④_____

　　　＝②_____°－③_____°＝⑤_____

$n /\!/ m$より，平行線の錯角は等しいから，∠x＝⑤_____°

この章で習ったことを組み合わせれば，応用問題も解けるのじゃ！

「合同の巻」伝授！

次は三角四角の巻を見つけよう

三角形と四角形

次の修行は「三角四角の国」。

算術上忍になるためには，図形の性質を理解することが

かかせない。

合同の証明は厳しい試練だが，増太郎なら乗り越えられ

るはずだ。

草原の中に隠された，「三角四角の巻」を探し出せ！

三角四角の巻

二等辺三角形の性質をおぼえよう!

2つの辺の長さが等しい三角形を二等辺三角形といいます。

1 二等辺三角形の性質

[1] 二等辺三角形の底角は等しい。

[2] 二等辺三角形の頂角の二等分線は底辺を
垂直に2等分する。

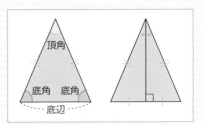

頂角
底角　底角
底辺

（例）右の図で、AB＝ACであるとき、∠xの大きさを求めましょう。

∠Bと∠Cは二等辺三角形の底角だから、

∠B＝∠C＝ $\boxed{68}$ ° 〈2つの底角は等しい

よって、

∠x＝180°－ $\boxed{68}$ °×2＝ $\boxed{44}$ °

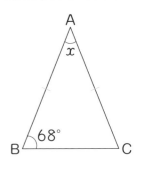

（例）右の図の△ABCで、AB＝ACのとき、∠ABC＝∠ACB
となることを証明しましょう。　　仮定　　　　結論

（証明）　∠Aの二等分線をひき、BCとの交点をDとします。

△ABDと△ACDにおいて、

仮定より、AB＝ $\boxed{AC}$ …①
　根拠
共通な辺だから、AD＝AD…②
ADは∠Aの二等分線だから、

∠BAD＝∠ $\boxed{CAD}$ …③

注意
証明するため補助線を
ひいたときは、証明に
書きます。

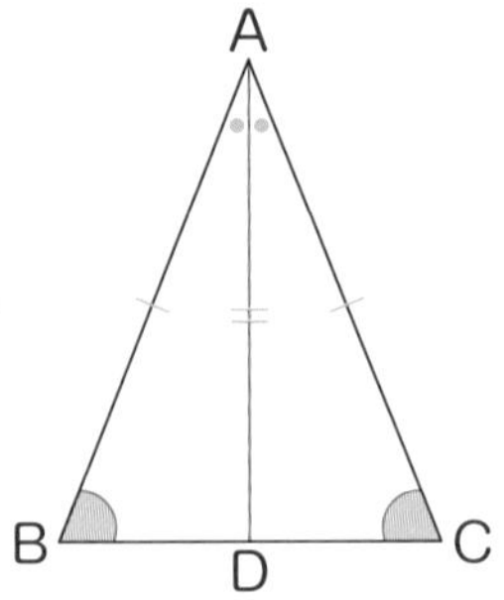

①、②、③より、 $\boxed{2組の辺とその間の角}$ ←三角形の
　　　　　　　　　　　　　　　　　　　　　　合同条件

がそれぞれ等しいから、

△ABD≡△ACD

したがって、∠ABC＝∠ $\boxed{ACB}$ ←結論
合同な三角形の対応する
角の大きさは等しい

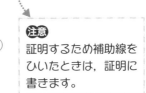

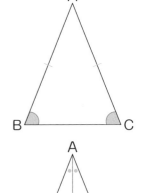

合同な三角形を使って
証明するんだね。

解いてみよう！

1 次の図で，AB＝ACであるとき，∠xの大きさを求めましょう。

(1)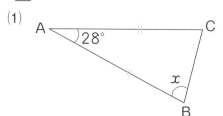

(2)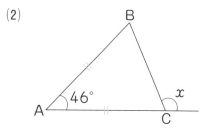

AB＝ACより，

∠Bと∠Cは二等辺三角形の底角だから，

∠B＝∠Cなので，

∠x＝（180°－ [ ]°）÷2

　　　 ~~2つの底角の和~~

＝ [ ]°

2 右の図の，AB＝ACである二等辺三角形ABCで，BD＝CEとなる点D，Eを辺AB，AC上にとるとき，△DBC≡△ECBであることを証明しましょう。

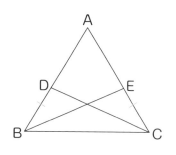

（証明）　△DBCと△ECBにおいて，

　　　仮定より，BD＝ [ ] …①

　　　共通な辺だから，BC＝ [ ] …②

　　　　　　　　　　　　　　　　　　　二等辺三角形の
　　　　　　　　　　　　　　　　　　　2つの底角は等しい

　　　∠DBCと∠ECBは二等辺三角形の底角だから，∠DBC＝∠ [ ] …③

　　　①，②，③より，[ ] がそれぞれ等しいから，

　　　△DBC≡△ECB

これで カンペキ 定義と定理

定義…用語の意味をしっかり定めたもの

　　例 2つの辺が等しい三角形を二等辺三角形という。

定理…証明されたことがらのこと。証明の根拠としてよく使われる

　　例 二等辺三角形の底角は等しい。

二等辺三角形になるための条件を知ろう！

「2つの角が等しい三角形」は二等辺三角形だといえます。

① 二等辺三角形になるための条件

三角形の2つの角が等しいとき，
その三角形は2つの角を底角とする
二等辺三角形だといえます。

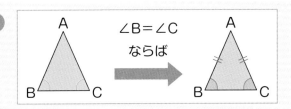

$\angle B = \angle C$ ならば

(例) 右の図で，長さの等しい線分を答えましょう。

$\angle A = \angle B = \boxed{64}$ °だから，
2つの角が等しい

△ABCは∠A，∠Bを底角とする
二等辺三角形

よって，AC = $\boxed{BC}$

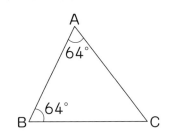

(例) 右の図の△ABCで，∠ABC＝∠ACBならば，
AB＝ACとなることを証明しましょう。

(証明)　∠Aの二等分線をひき，BCとの交点をDとします。
△ABDと△ACDにおいて，

仮定より，∠ABD＝∠ $\boxed{ACD}$ …①

ADは∠Aの二等分線だから，∠BAD＝∠ $\boxed{CAD}$ …②

①，②より，∠ADB＝∠ $\boxed{ADC}$ …③

共通な辺より，AD＝AD…④
2つの三角形で2つの角が等しい
から，残りの1つの角も等しい

②，③，④より，$\boxed{1組の辺とその両端の角}$ ←三角形の合同条件

がそれぞれ等しいから，
△ABD≡△ACD

したがって，AB＝ $\boxed{AC}$ ←証明の結論
合同な三角形の対応する
辺の長さは等しい

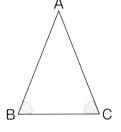

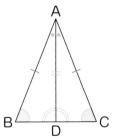

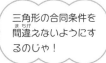

三角形の合同条件を
間違えないようにす
るのじゃ！

解いてみよう！

1 次の図で，長さの等しい線分を答えましょう。

(1)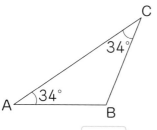

(2)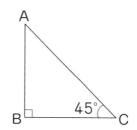

∠A＝∠C＝□°だから，

△ABCは∠A，∠Cを底角とする

二等辺三角形

よって，BA＝□

2 右の図で，BD＝CE，BE＝CDのとき，△ABCは
二等辺三角形になることを証明しましょう。

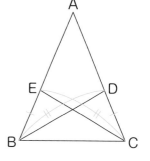

（証明） △BECと△CDBにおいて，

仮定より，BE＝□ …①，CE＝□ …②

共通な辺だから，BC＝□ …③

①，②，③より，□ がそれぞれ等しいから，
└ 三角形の合同条件

△BEC≡△CDB

したがって，∠EBC＝∠□

□ が等しいから，△ABCは二等辺三角形になります。

これで
カンペキ　二等辺三角形

二等辺三角形になることを証明するには，

1 2つの辺が等しい。

2 2つの角が等しい。

のどちらかをいえばよいです。

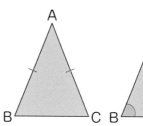 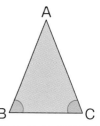

なるほど

定理の逆を知ろう！

ある定理の仮定と結論を入れかえたものを，その定理の逆といいます。

1 定理の逆

ある定理の逆は，仮定と結論を入れかえたものなので，「ならば」の前後を入れかえます。

○○○ならば△△△
仮定 ⬆⬇ 逆 結論
△△△ならば○○○

例 次のことがらの逆を答えましょう。また，それが正しいかどうかも答えましょう。

(1) △ABCにおいて，AB＝ACならば，∠B＝∠Cです。

逆…△ABCにおいて，| ∠B＝∠C |ならば，| AB＝AC |です。

これは，| (正しい)・ 正しくない |です。
└ 正しいのは？

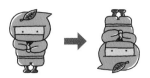

(2) xが6の倍数ならば，xは3の倍数です。

逆…| xが3の倍数 |ならば，| xは6の倍数 |です。

これは，| 正しい ・(正しくない) |です。
└ 正しいのは？

3の倍数→3，6，9，12，15，…
6の倍数→6，12，18，24，30，…

(3) 2つの三角形において，合同ならば，面積は等しい。

逆…2つの三角形において，| 面積が等しい |ならば，| 合同 |です。

これは，| 正しい ・(正しくない) |です。
└ 正しいのは？

★逆
正しいことがらの逆は，いつでも正しいとは限りません。
★反例（はんれい）
あることがらが成り立たないことを示す例。

フムフム
△ABCと△DBCは底辺と高さが等しいから，面積は等しいね。

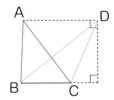

△ABCと△DBCは面積は等しいが，合同ではないからこれが反例じゃ！

解答 p.16

1 次のことがらの逆を答えましょう。また，それが正しいかどうかも答えましょう。

(1) 2つの直線が平行ならば，同位角は等しい。

逆…　|　　　　　| ならば，|　　　　　| です。

これは，|　正しい・正しくない　| です。
└─ 正しい方に○をつけよう

(2) 2つの自然数 m, n について，m, n がともに偶数ならば，$m+n$ は偶数です。

逆…2つの自然数 m, n について，

|　　　　　| ならば，|　　　　　| です。

これは，|　正しい・正しくない　| です。
└─ 正しい方に○をつけよう

(3) △ABCと△DEFで，△ABC≡△DEFならば，AB＝DEです。

逆…△ABCと△DEFで，

|　　　　　| ならば，|　　　　　| です。

これは，|　正しい・正しくない　| です。
└─ 正しい方に○をつけよう

これで カンペキ 反例

あることがらが正しくないことを示すには，正しくない例を1つ示せばよいです。
このような例を反例といいます。

反例が1つでもあれば「正しくない」といえます。

例 ab が偶数ならば，a と b は偶数である。
　　⇒ $ab=6$ のとき，$a=1$，$b=6$ の場合もあるから，正しくない。

40 正三角形の性質をおぼえよう!

3つの辺が等しい三角形を正三角形といいます。

1 正三角形の性質

1 正三角形の3つの辺は等しい。
2 正三角形の3つの内角は等しい。

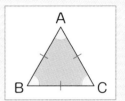

例 右の図の△ABCで，AB＝BC＝CAならば，
∠A＝∠B＝∠Cであることを証明しましょう。

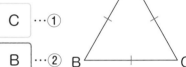

（証明）　AB＝ACの二等辺三角形とすると，∠B＝∠ C …①
　　　　　2つの辺が等しい

　　　　CA＝CBの二等辺三角形とすると，∠A＝∠ B …②
　　　　　2つの辺が等しい

　　　①，②より，∠A＝∠ B ＝∠ C

二等辺三角形
の性質を使う
のじゃ！

★ポイント
P＝Q，Q＝Rならば，
P＝Q＝R

例 右の図の四角形ABCDは正方形であり，印をつけた
角がすべて等しいとき，∠EADの大きさを求めましょう。

∠BAE＝∠BEAより，
　　2つの角が等しい

AB＝ EB ← △BEAは∠BAE，∠BEA
　　　　　　　　を底角とする二等辺三角形

∠CDE＝∠CEDより，
　　2つの角が等しい

DC＝ EC ← △CEDは∠CDE，∠CED
　　　　　　　　を底角とする二等辺三角形

四角形ABCDは正方形だから，AB＝BC＝CDより，EB＝BC＝CE

よって， 3つの辺 が等しいから，△EBCは正三角形です。

∠EBC＝60°より，∠ABE＝ 30 °だから，

∠BAE＝（180°－ 30 °）÷2＝75°

∠EAD＝90°－75°＝ 15 °
　　　　∠BAD－∠BAE

わかることを図に
かきこもう。

月　日

解答 p.16

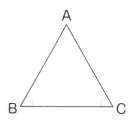

1 右の図の△ABCで，∠A＝∠B＝∠Cならば，AB＝BC＝CAであることを証明しましょう。

（証明）　∠B＝∠Cの二等辺三角形とすると，AB＝[　　　]…①

　　　　　∠A＝∠Bの二等辺三角形とすると，CA＝[　　　]…②

　　　　　①，②より，AB＝[　　　]＝[　　　]

2 右の図の四角形ABCDは正方形であり，印をつけた辺がすべて等しいとき，∠AEDの大きさを求めましょう。

EB＝BC＝CEより，

△EBCは[　　　　　　]だから，

∠BEC＝∠EBC＝∠ECB＝[　　]°

∠ABE＝∠DCE＝90°−60°＝30°

BA＝BEより，∠BEAと∠BAEは二等辺三角形の底角だから，

∠BEA＝（180°−30°）÷2＝[　　]°

CD＝CEより，∠CEDと∠CDEは二等辺三角形の底角だから，

∠CED＝（180°−30°）÷2＝[　　]°

よって，∠AED＝360°−（[　　]°＋[　　]°＋[　　]°）

　　　　　　　　＝[　　]°

これで **カンペキ** 正三角形と二等辺三角形

正三角形は二等辺三角形の特別な形です。
二等辺三角形…2つの辺と角がそれぞれ等しい。
正三角形…3つの辺と角がそれぞれ等しい。
　　　　　　（3つの角がすべて60°）

三角形　二等辺三角形　正三角形

直角三角形の合同条件を知ろう!

直角三角形の直角に対する辺を斜辺といいます。

1 直角三角形の合同条件

2つの直角三角形で，次の条件のうち，どちらかが成り立てば，
2つの直角三角形は合同であるといえます。

斜辺

1 斜辺と1つの鋭角がそれぞれ等しい。

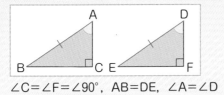

∠C＝∠F＝90°，AB＝DE，∠A＝∠D

2 斜辺と他の1辺がそれぞれ等しい。

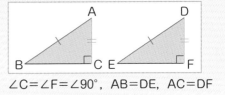

∠C＝∠F＝90°，AB＝DE，AC＝DF

例 次の図の三角形を，合同な直角三角形の組に分けましょう。また，そのときに
使った直角三角形の合同条件を答えましょう。

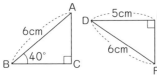 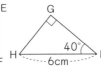 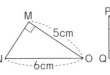

① ∠C＝∠G＝90°，AB＝ HI ，∠B＝∠I

より，直角三角形の 斜辺と1つの鋭角 が

それぞれ等しいから，△ABC≡△ HIG ← 対応順に注意!

直角以外の残りの
角度も調べよう。

② ∠E＝∠M＝90°，DF＝ON，DE＝ OM

より，直角三角形の 斜辺と他の1辺 が

それぞれ等しいから，△DEF≡△ OMN ← 対応順に注意!

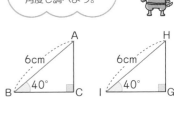

③ ∠J＝∠Q＝90°，KL＝RP，∠K＝∠R＝ 40 °
　　　　　　　　　　　　　　180°−∠Q−∠P

より，直角三角形の 斜辺と1つの鋭角 が

それぞれ等しいから，△JKL≡△ QRP ← 対応順に注意!

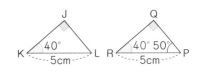

解いてみよう！　　　解答 p.17

1　次の図の三角形を，合同な直角三角形の組に分けましょう。また，そのときに使った直角三角形の合同条件を答えましょう。

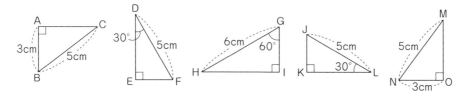

①　直角三角形の 　　　　　　　　　　　　 がそれぞれ等しいから，△ABC≡△ ☐

②　直角三角形の 　　　　　　　　　　　　 がそれぞれ等しいから，△DEF≡△ ☐

2　右の図のAB＝ACの二等辺三角形ABCで，底辺BCの中点をMとして，Mから辺AB，ACにおろした垂線をそれぞれMD，MEとします。このとき，△BMD≡△CMEであることを証明しましょう。

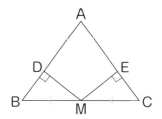

（証明）　△BMDと△CMEにおいて，

　　　　仮定より，AB＝ACだから，∠DBM＝∠ ☐ …①

　　　　MはBCの中点だから，BM＝ ☐ …②

　　　　∠BDM＝∠ ☐ ＝90°…③

　　　　①，②，③より，直角三角形の ☐ が

　　　　それぞれ等しいから，△BMD≡△CME

これで
カンペキ　直角三角形の合同条件

　直角三角形の合同を証明するとき，三角形の合同条件を使って証明することもできます。

三角形の合同条件
1　3組の辺がそれぞれ等しい。
2　2組の辺とその間の角がそれぞれ等しい。
3　1組の辺とその両端の角がそれぞれ等しい。

直角三角形の斜辺が等しいといえないときは三角形の合同条件を考えるのじゃ！

平行四辺形の性質を知ろう！

四角形の向かい合う辺を対辺，向かい合う角を対角といいます。
2組の対辺がそれぞれ平行な四角形を平行四辺形といいます。

① 平行四辺形の性質

| 1 2組の対辺は それぞれ等しい。 | 2 2組の対角は それぞれ等しい。 | 3 対角線はそれぞれの 中点で交わる。 |

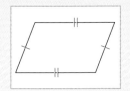 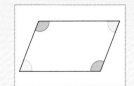 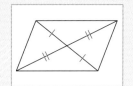

例 右の図の四角形ABCDは平行四辺形です。次の長さ
や角の大きさを求めましょう。

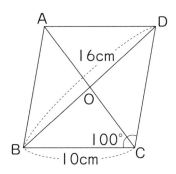

(1) 辺AD

平行四辺形の2組の 対辺 はそれぞれ等しいから，

AD＝ 10 cm ← AD＝BC

(2) ∠BAD

平行四辺形の2組の 対角 はそれぞれ等しいから，

∠BAD＝ 100 ° ← ∠BAD＝∠BCD

(3) 線分BO

平行四辺形の 対角線 はそれぞれの 中点 で交わるから，

BO＝16÷2＝ 8 (cm)

(4) ∠ADC

平行四辺形の2組の対角はそれぞれ等しいから，

∠ADC＝∠ ABC ，∠BAD＝∠ BCD ＝100°

∠ADC＝(360°−100°×2)÷2＝ 80 °
　　　　四角形の内角の和

2組の対角の和は
360°になるね。

解いてみよう！

解答 p.17

1 次の図の平行四辺形で，x，yの値をそれぞれ求めましょう。

(1)

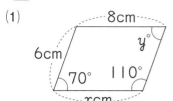

(2)

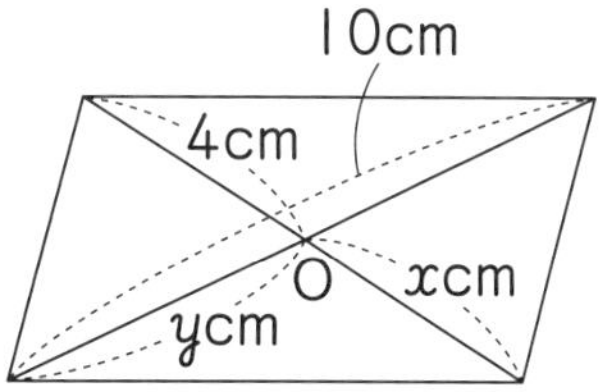

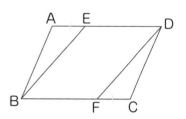

平行四辺形の2組の □ は

それぞれ等しいから，$x=$ □

平行四辺形の2組の □ は

それぞれ等しいから，$y=$ □

2 右の図の平行四辺形ABCDで，AE＝CFのとき，
△ABE≡△CDFとなることを証明しましょう。

（証明） △ABEと△CDFにおいて，

仮定より，AE＝ □ …①

平行四辺形の2組の □ はそれぞれ等しいから，

AB＝ □ …②

平行四辺形の2組の □ はそれぞれ等しいから，

∠BAE＝∠ □ …③

①，②，③より， □ がそれぞれ等しいから，

△ABE≡△CDF

これで カンペキ 平行四辺形の記号

三角形ABCが「△」の記号を使って
△ABCと表せるように，平行四辺形も
「▱」の記号で表すことができます。

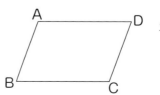

平行四辺形 ABCD
⬇
▱ABCD

平行四辺形になるための条件を知ろう！

四角形が平行四辺形になるための条件は，5つあります。

1 平行四辺形になるための条件

① 2組の対辺がそれぞれ平行である。

② 2組の対辺がそれぞれ等しい。

③ 2組の対角がそれぞれ等しい。

④ 対角線がそれぞれの中点で交わる。

⑤ 1組の対辺が平行でその長さが等しい。

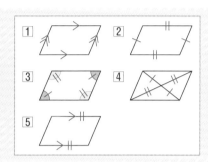

例 四角形ABCDの辺や角について，次の関係があるとき，四角形ABCDは必ず平行四辺形になりますか。

辺と角の関係について考えていこう！

(1) AD＝BC，AB＝DC

　│2組の対辺│がそれぞれ等しいから，

　必ず平行四辺形に│（なります）・ なるとはいえません│。
　　　　　　　　　└ 正しいのは？

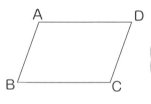

(2) ∠A＝∠C＝110°，∠B＝70°

　∠D＝│70│°，│2組の対角│がそれぞれ等しいから，

　必ず平行四辺形に│（なります）・ なるとはいえません│。
　　　　　　　　　└ 正しいのは？

(3) AD∥BC，AB＝DC

　右の図のような場合があり，│2組の対辺│がそれぞれ

　平行にならないから，

　必ず平行四辺形に│なります ・（なるとはいえません）│。
　　　　　　　　　└ 正しいのは？

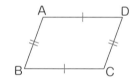

(4) AB＝DC，AB∥DC

　1組の対辺が│平行│でその長さが│等しい│から，

　必ず平行四辺形に│（なります）・ なるとはいえません│。
　　　　　　　　　└ 正しいのは？

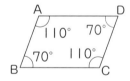

解いてみよう！　　解答 p17

1 　四角形 ABCD の辺や角の間に次の関係があるとき，必ず平行四辺形になりますか。

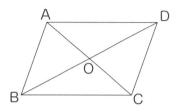

(1) AB＝DC，AD＝BC

　　┌─────────────┐
　　│   │ がそれぞれ等しいから，
　　└─────────────┘

　四角形 ABCD は必ず平行四辺形に

　┌─────────────────────────┐
　│ なります・なるとはいえません │ 。
　└─────────────────────────┘
　　　　　└─正しい方に○をつけよう

(2) OA＝OC，OB＝OD

　　┌─────────┐
　　│   │ がそれぞれの
　　└─────────┘

　　┌─────────┐
　　│   │ で交わるから，
　　└─────────┘

　四角形 ABCD は必ず平行四辺形に

　┌─────────────────────────┐
　│ なります・なるとはいえません │ 。
　└─────────────────────────┘
　　　　　└─正しい方に○をつけよう

(3) AD∥BC，AB＝DC

(4) AB∥DC，AD∥BC

2 　右の図の平行四辺形 ABCD の辺 AB，CD の中点をそれぞれ M，N とします。このとき，四角形 MBND が平行四辺形になることを証明しましょう。

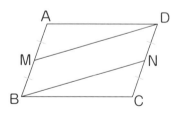

（証明）　AB＝DC で，M，N はそれぞれ AB，CD の中点だから，

　　MB＝□ …①

　　AB∥DC だから，MB∥□ …②

　　①，②から，□ が等しいから，

　四角形 MBND は平行四辺形になります。

長方形・ひし形・正方形

特別な平行四辺形について知ろう!

長方形・ひし形・正方形も平行四辺形の性質をもっています。

① 長方形・ひし形・正方形の性質

長方形・ひし形・正方形には，平行四辺形の性質の他に次のような性質もあります。

長方形

ひし形

正方形

対角線の長さが等しい。　　対角線が垂直に交わる。　　対角線の長さが等しく，
　　　　　　　　　　　　　すいちょく　　　　　　　　　垂直に交わる。

例　平行四辺形ABCDの辺や角について，次の関係があるとき，
平行四辺形ABCDはどんな四角形になりますか。

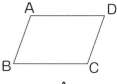

(1)　$AC \perp BD$

　　$AC \perp BD$より，｜対角線が垂直に交わる｜から，

　　平行四辺形ABCDは｜ひし形｜になります。

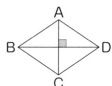

(2)　$AC = BD$

　　$AC = BD$より，｜対角線の長さが等しい｜から，

　　平行四辺形ABCDは｜長方形｜になります。

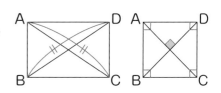

(3)　$\angle A = \angle B = \angle C = \angle D$，$AC \perp BD$

　　$\angle A = \angle B = \angle C = \angle D$より，すべての角が等しい平行四辺形は｜長方形｜であり，
　　　　　　　　　　　　　　　　　どの角も90°になります

　　対角線が垂直に交わるから，平行四辺形ABCDは｜正方形｜になります。

★長方形・ひし形・正方形の定義
長方形…4つの角が等しい四角形
ひし形…4つの辺が等しい四角形
正方形…4つの角が等しく，4つの辺が等しい四角形
3つとも，平行四辺形のなかまです。

正方形は，長方形だしひし形
ともいえるんだね。

フムフム

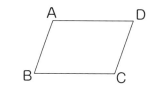

解いてみよう！

解答 p17

1 平行四辺形ABCDの辺や角について，次の関係があるとき，平行四辺形ABCDはどんな四角形になりますか。

A　　　　D

B　　　　C

(1) AB＝BC

AB＝BCより，AB＝BC＝CD＝DAとなり，　　　　　　　　が等しいから，

平行四辺形ABCDは　　　　　　　になります。

(2) AC＝BD

AC＝BDより，　　　　　　　　　　　が等しいから，

平行四辺形ABCDは　　　　　　　になります。

(3) ∠A＝90°，AB＝BC

∠A＝90°より，　　　　　　　　が等しく，

AB＝BCより，　　　　　　　　が等しいから，

平行四辺形ABCDは　　　　　　　になります。

これで カンペキ　特別な平行四辺形

　長方形・ひし形・正方形は，平行四辺形の特別な場合です。

　この関係を，右のような図で表すことができます。

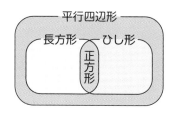

この関係は大切じゃ！

平行線と面積の関係をおぼえよう！

底辺が同じで，高さが等しい三角形の面積は等しくなります。

1 平行線と面積

1つの直線上の2点A，Bと，その直線の同じ側にある
2点P，Qについて，
PQ∥ABならば，△PAB＝△QABが成り立ちます。

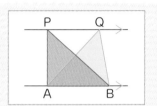

例 AD∥BCである台形ABCDの対角線の交点をOと
するとき，次の問いに答えましょう。

(1) △ABCと面積が等しい三角形はどれですか。
　　BCを底辺とみると，AD∥BCより，

　　底辺が等しい

　　| 高さ | が等しいから，△ABC＝△| DBC |
　　　　　　　　　　　　　　　　　面積が等しい

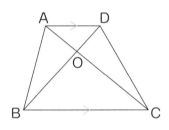

(2) △ABOと面積が等しい三角形はどれですか。

　　(1)より，△ABC＝△| DBC |…①で，

　　△ABO＝△ABC−△| OBC |…②

　　△DCO＝△DBC−△| OBC |…③

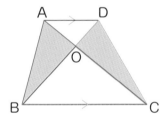

★ポイント
P＝Qで，
S＝P−R，T＝Q−Rならば，
S＝T

△△の三角形
も面積は等しく
なるね。

　　①，②，③より，△ABO＝△| DCO |

★平行線と面積の利用（作図）
四角形ABCDと面積が等しい△ABEのかき方
① 頂点Dを通り，対角線ACに平行な直線ℓをひきます。
② 直線ℓと辺BCの延長線との交点をEとします。
③ AとEを結び，△ABEをつくります。

（証明）DE∥ACより，△DAC＝△EACだから，
　　　　四角形ABCD＝△ABC＋△DAC＝△ABC＋△EAC＝△ABE

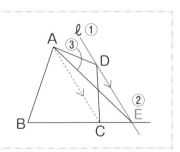

解答 p.18

1 右の図の平行四辺形ABCDで，対角線の交点をOとするとき，次の問いに答えましょう。

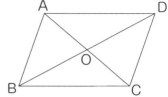

(1) △ABCと面積の等しい三角形を3つ書きましょう。

・BCを底辺とみると，AD∥BCより，高さが等しいから，△ABC＝△ ☐

・ABを底辺とみると，AB∥DCより，高さが等しいから，△ABC＝△ ☐

・△ABC＝△ABD…①
　ADを底辺とみると，AD∥BCより，高さが等しいから，

　△ABD＝△ ☐ …②

　①，②より，△ABC＝△ ☐

(2) △AOBと面積の等しい三角形を3つ書きましょう。

これで

カンペキ 平行線と面積

　高さが等しい三角形は，底辺の比が面積の比と等しくなります。

　例えば，右の△ABCで底辺BCの中点をMとするとき，△ABM＝$\frac{1}{2}$△ABCです。

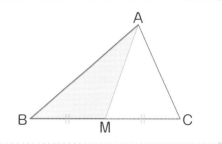

三角形と四角形

1 次の図で，∠xの大きさを求めましょう。(8点×2) ステージ **37**

(1)

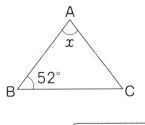

(2)

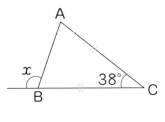

2 次のことがらの逆を答えましょう。また，それが正しいかどうかも答えましょう。

(8点×2) ステージ **38** **39**

(1) △ABCにおいて，AC＝BCならば，∠A＝∠Bである。

逆

(2) $a>0$，$b>0$ならば，$a+b>0$である。

逆

3 次の図において，合同な直角三角形を，記号「≡」を使って表しましょう。また，そのときに使った直角三角形の合同条件を答えましょう。(8点×2) ステージ **41**

(1)

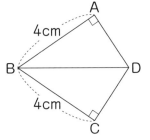

(2)

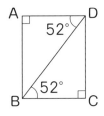

合同な直角三角形

合同な直角三角形

合同条件

合同条件

4 右の図の平行四辺形ABCDの対角線BD上に，BE＝DFとなる点E，Fをとるとき，AE＝CFであることを証明しましょう。(12点) ステージ **42**

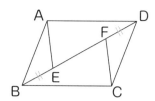

5 次のことがらが正しければ○を，誤っていれば，下線部を正しく書きなおしましょう。

(10点×3) ステージ **44**

(1) １つの内角が90°である平行四辺形は下線部長方形である。

(2) 対角線の長さが等しい平行四辺形はひし形である。

(3) ４つの辺の長さが等しい四角形の対角線は垂直に交わる。

6 右の図の平行四辺形ABCDで，AE：EB＝1：2，EF∥ACのとき，△DFCと面積の等しい三角形をすべて書きましょう。(10点) ステージ **45**

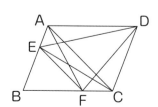

数魔小太郎からの**挑戦状**

解答 p.19

チャレンジこそが上達の近道！

問題

右の図の平行四辺形ABCDで，∠ABCの二等分線と線分CDの延長線との交点をEとします。AB＝6cm，BC＝8cmのとき，線分DEの長さを求めましょう。

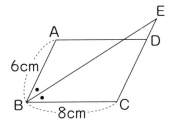

答え

仮定より，BEは∠ABCの二等分線だから，

∠ABE＝∠①_____ …①

AB∥ECより，平行線の②_____は等しいから，∠ABE＝∠③_____ …②

①，②より，∠①_____＝∠③_____

2つの角が等しいから，△BCEは∠①_____と∠②_____を底角とする

④_____である。

よって，CB＝⑤_____＝8cm，CD＝AB＝6cmだから，

DE＝⑥_____cm

この章で習ったたくさんの定理を使いこなせるように練習するのじゃ！

「三角四角の巻」伝授！

次は確率の巻を見つけよう

6章 確率

次の修行は「確率(かくりつ)の国」。

あることがらが起こる割合を表す確率。確率を理解すれば，さいころの目の出方やくじびきのあたりやすさも表すことができる。

樹形図(じゅけいず)や表は，確率をマスターするのにかかせない。

城の中にある「確率の巻」を見つけ出せ！

確率の巻

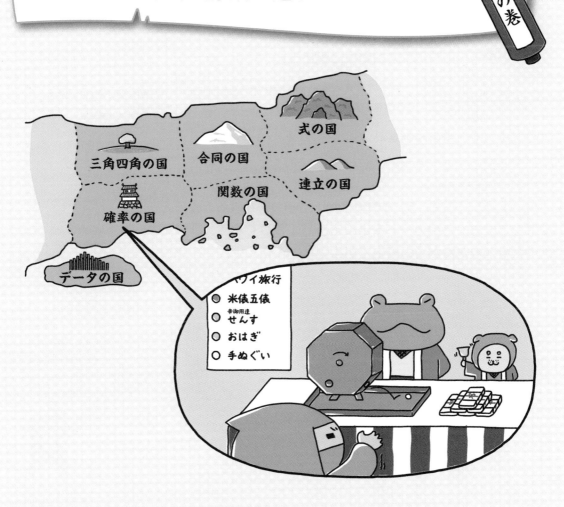

確率の表し方をおぼえよう!

あることがらの起こり方が全部で n 通りあるとき，n をそのことがらの場合の数といいます。

1 場合の数と確率

起こりうるすべての場合の数が全部で n 通りあり，そのどれが起こることも同様に確からしいとします。そのうちＡが起こる場合が a 通りあるとき，Ａの起こる確率 p は右のように表せます。

$$確率\, p = \frac{a}{n}$$

例 赤玉２個，青玉３個が入っている袋から玉を１個取り出すとき，赤玉を取り出す確率を求めましょう。

袋の中の玉の個数は全部で５個だから，

　　　　　　　　赤玉２個，青玉３個

玉の取り出し方は全部で　5　通りあり，
　　　　　　　　　　　└すべての場合の数

どの玉の取り出し方も同様に確からしいです。

赤玉の取り出し方は，　2　通りあります。

よって，求める確率は，　$\dfrac{2}{5}$　です。
　　　　　　　　　　　(赤玉を取り出す場合)
　　　　　　　　　　　(すべての場合)

★同様に確からしい
起こりうるすべてのもののうち，どれが起こることも同じ程度に期待できることです。

例 １，２，３，４，５，６の数字が１つずつ書かれた６枚のカードがあります。このカードをよくきって１枚ひくとき，ひいたカードに書かれた数が３の倍数である確率を求めましょう。

$\boxed{1}$ $\boxed{2}$ $\boxed{3}$

$\boxed{4}$ $\boxed{5}$ $\boxed{6}$

カードの枚数は全部で６枚だから，

カードのひき方は全部で　6　通りあり，
　　　　　　　　　　　└すべての場合の数

どのカードをひくことも同様に確からしいです。

３の倍数の書かれたカードのひき方は，　2　通りあります。
　　　　　　　　　　　　　　　　　　└３の倍数は３と６

よって，求める確率は，$\dfrac{2}{6} = \dfrac{1}{3}$ です。
(３の倍数のカードを取り出す場合)　　└約分します
(すべての場合)

まずは，すべての場合の数を数えるのじゃ！

解答p.20

1 　赤玉3個，青玉2個，白玉4個が入っている袋から玉を1個取り出すとき，白玉を取り出す確率を求めましょう。

袋の中の玉の個数は全部で9個だから，

　　　　赤玉3個，青玉2個，白玉4個

玉の取り出し方は全部で □ 通りあり，

　　　↑ すべての場合の数

どの玉の取り出し方も同様に確からしいです。

白玉の取り出し方は，□ 通りあります。

よって，求める確率は，□ です。

2 　1，2，3，4，5，6，7，8の数字が1つずつ書かれた8枚のカードがあります。このカードをよくさって1枚ひくとき，ひいたカードに書かれた数が3の倍数である確率を求めましょう。

これで
カンペキ 確率の範囲

どんなことがらでも，起こる確率 p の範囲は，$0 \leqq p \leqq 1$ になります。

$p=1$ のことがらは，必ず起こります。

$p=0$ のことがらは，絶対に起こりません。

1，2，3，4，5の数字が書かれたカードをよくきって，1枚のカードを取り出すとき，

（i）自然数が書かれたカードをひく確率 → $\dfrac{5}{5}=1$ 　　すべての場合の数は5通り
（i）自然数の書かれたカードは5枚

（ii）6の数字が書かれたカードをひく確率 → $\dfrac{0}{5}=0$ 　　(ii)6の数字が書かれたカードは0枚

樹形図をかいて確率を求めよう！

考えられるすべての場合の数を，順序よく整理して数え上げるのに樹形図(じゅけいず)をかきます。

(例) 2枚の硬貨(こうか)A，Bを同時に投げるとき，1枚は表，1枚は裏が出る確率を求めましょう。

右のような図をかいて，起こりうるすべての場合の数を調べます。

表が出るときを〇，裏が出るときを×とすると，

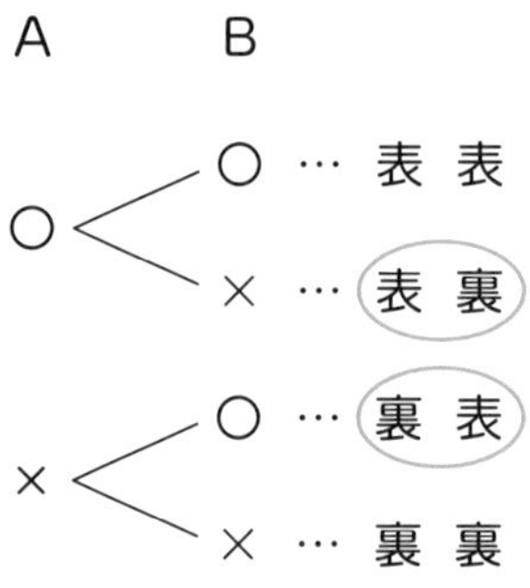

2枚の硬貨の表裏の出方は全部で | 4 | 通りあり，

どれが起こることも同様に確からしいです。
このうち，1枚が表，1枚が裏になる出方は

| 2 | 通りあります。
└ 樹形図で〇をつけた数

よって，求める確率は， $\dfrac{2}{4} = \dfrac{1}{2}$ です。
　　　　　　　　　　　　　　└ 約分します

★ポイント
樹形図をかくときは，かきやすい記号におきかえましょう。

(例) 1，2，3の数字が1つずつ書かれた3枚のカードがあります。これらのカードをよくきって1枚ずつ2回続けて取り出し，ひいた順にカードを並べて2けたの整数をつくるとき，この整数が奇数(きすう)になる確率を求めましょう。

カードのひき方を右の図のように表します。

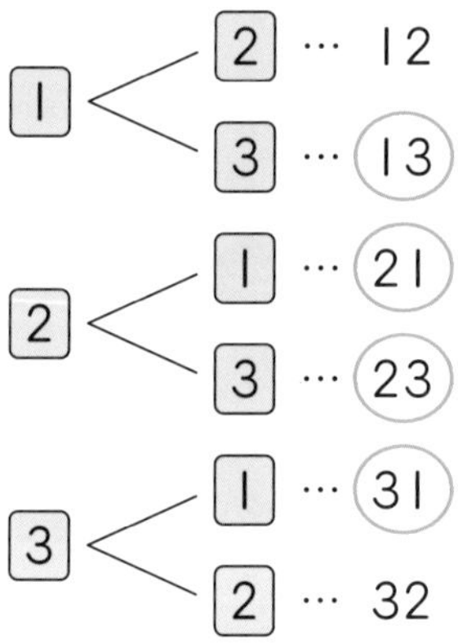

2けたの整数は全部で | 6 | 通りあり，

どの整数ができることも同様に確からしいです。

このうち，奇数は | 4 | 通りあります。
　　　　　　└ 一の位が奇数
　　　　　　　　　└ 樹形図で〇をつけた数

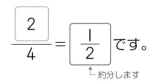

よって，求める確率は， $\dfrac{4}{6} = \dfrac{2}{3}$ です。
　　　　　　　　　　　　　　└ 約分します

樹形図をかくと数えもれや何度も数えるのが防げるね。

解答 p.20

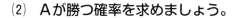

1 A，Bの2人が1回だけじゃんけんをするとき，次の問いに答えましょう。

(1) 右の樹形図の続きを完成させましょう。ただし，グはグー，チはチョキ，パはパーを表します。

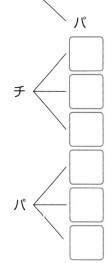

(2) Aが勝つ確率を求めましょう。

A，Bの2人のじゃんけんの手の組み合わせは，全部で ☐

通りあり，どの手の組み合わせも同様に確からしいです。

このうち，Aが勝つ手の出し方は ☐ 通りあります。

よって，求める確率は，$\dfrac{\boxed{}}{\boxed{}} = \boxed{}$ です。

└─約分します

2 1，2，3，4の数字が1つずつ書かれた4枚のカードがあります。これらのカードをよくきって1枚ずつ2回続けて取り出し，ひいた順にカードを並べて2けたの整数をつくるとき，この整数が偶数になる確率を求めましょう。

これで

カンペキ 0のカードに注意！

2 のような問題でカードに0がふくまれている場合は，いちばん大きな位には0のカードを使うことはできません。

例えば，0，1，2の3枚のカードから1枚ずつ2回続けて取り出し，ひいた順にカードを並べて2けたの整数をつくるとき，2けたの整数は全部で4通りです。

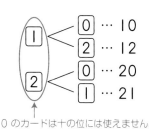

0 のカードは十の位には使えません。

さいころの確率を求めよう!

2つのさいころを同時に投げるときは，表を使うと数えやすくなります。

例　大小2つのさいころを同時に投げるとき，次の確率を求めましょう。

(1) 同じ目が出る確率

右の表より，2つのさいころの目の出方は

全部で 36 通りあります。

└ 1つのさいころの目の出方は6通り

同じ目が出るのは，(1, 1)，(2, 2)，(3, 3)，

(4, 4)，(5, 5)，(6, 6)の 6 通りあるから，

└ 表の○をつけた数

求める確率は，$\dfrac{6}{36} = \dfrac{1}{6}$ です。

└ 約分します

大＼小	1	2	3	4	5	6
1	○					
2		○				
3			○			
4				○		
5					○	
6						○

(2) 出る目の数の和が6になる確率

右の表より，2つのさいころの出る目の数の和が6になるのは，(1, 5)，(2, 4)，(3, 3)，

(4, 2)，(5, 1)の 5 通りあるから，

└ 表の色をつけた数

求める確率は，$\dfrac{5}{36}$ です。

└ 約分します

大＼小	1	2	3	4	5	6
1	2	3	4	5	6	7
2	3	4	5	6	7	8
3	4	5	6	7	8	9
4	5	6	7	8	9	10
5	6	7	8	9	10	11
6	7	8	9	10	11	12

(3) 出る目の数の積が5以上になる確率

右の表より，出る目の数の積が5以上になるのは，

28 通りだから，

└ 表の色をつけた数

求める確率は，$\dfrac{28}{36} = \dfrac{7}{9}$ です。

└ 約分します

表を使えば，数えやすいね。

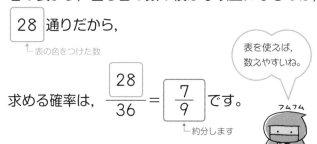

大＼小	1	2	3	4	5	6
1	1	2	3	4	5	6
2	2	4	6	8	10	12
3	3	6	9	12	15	18
4	4	8	12	16	20	24
5	5	10	15	20	25	30
6	6	12	18	24	30	36

解いてみよう！

解答 p.20

1 大小2つのさいころを同時に投げるとき，表の空らんをうめて，次の確率を求めましょう。

6章

確率

(1) 出る目の数の和が2になる確率

右の表より，2つのさいころの目の出方は全部で

◻ 通りあります。出る目の数の和が2にな

るのは（◻，◻）の1通りだから，

求める確率は，◻ です。

小\大	1	2	3	4	5	6
1						
2						
3						
4						
5						
6						

(2) 出る目の数の積が奇数になる確率

右の表より，2つのさいころの出る目の数の積が

奇数になるのは，◻ 通りあるから，

求める確率は，$\dfrac{\boxed{}}{36}=\boxed{}$ です。

小\大	1	2	3	4	5	6
1						
2						
3						
4						
5						
6						

これで

カンペキ Aの起こらない確率

あるできごとAについて，Aの起こらない確率は右の式を使って求めることができます。

> （Aの起こらない確率）
> ＝1−（Aの起こる確率）

例 (3)で，出る目の数の積が4以下になるのは，8通りだから，確率は $\dfrac{8}{36}=\dfrac{2}{9}$

よって，出る目の数の積が5以上の確率は，$1-\dfrac{2}{9}=\dfrac{7}{9}$ です。

出る目の数の積が4以下の確率┘　└出る目の数の積が5以上の確率

くじびきの確率を求めよう!

> 同じものをふくむ場合は，それぞれを区別して考えます。

例 2本のあたりくじが入った5本のくじがあり，Aが先に1本をひき，続いてBが1本ひきます。次の問いに答えましょう。

(1) Bがあたる確率を求めましょう。

あたりくじを①，②，はずれくじを1，2，3とすると，A，B2人のくじのひき方は右の樹形図のようになり，

全部で 20 通りあります。

また，Bがあたるのは， 8 通りだから，

└ 樹形図で●をつけた数

求める確率は， $\dfrac{8}{20} = \dfrac{2}{5}$ です。

└ 約分します

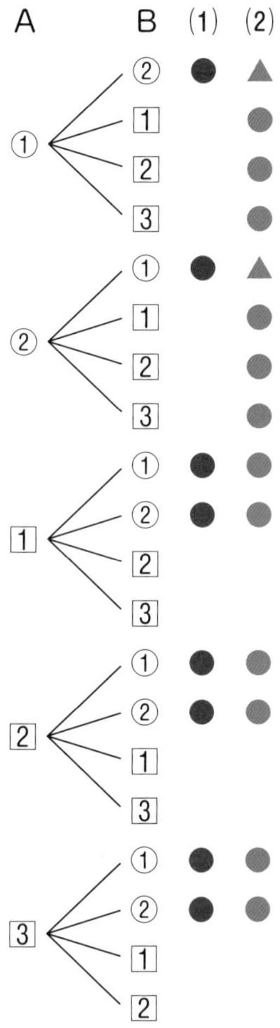

(2) 少なくとも1人はあたる確率を求めましょう。

1人があたる場合と2人があたる場合に分けて考えると，

(i) A，Bのうち1人があたるのは， 12 通り

└ 樹形図で●をつけた数

(ii) A，Bの2人ともあたるのは， 2 通り

└ 樹形図で▲をつけた数

少なくとも1人はあたる場合は，(i)と(ii)を合わせて

14 通りあるから，

〜〜〜
(i)+(ii)

求める確率は， $\dfrac{14}{20} = \dfrac{7}{10}$ です。

└ 約分します

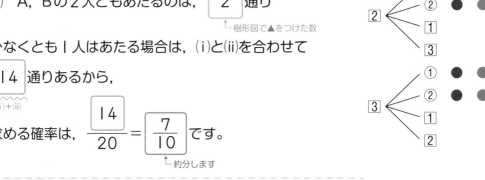

★別の考え方

(2)で「少なくとも1人はあたる」ではない場合は，「A，B2人ともはずれる」ときです。

A，B2人ともはずれるのは6通りだから，確率は $\dfrac{6}{20} = \dfrac{3}{10}$

よって，少なくとも1人はあたる確率は，$1 - \dfrac{3}{10} = \dfrac{7}{10}$ です。

A，B2人ともはずれる ┘ └ 少なくとも1人はあたる

A，Bのどちらの方があたりやすいかな？

解答 p.20

1 3本のあたりくじが入った5本のくじがあり，Aが先に1本をひき，続いてBが1本ひきます。次の問いに答えましょう。

(1) あたりくじを①，②，③，はずれくじを1，2として，2人のくじのひき方を樹形図に表すとき，樹形図の続きを完成させましょう。

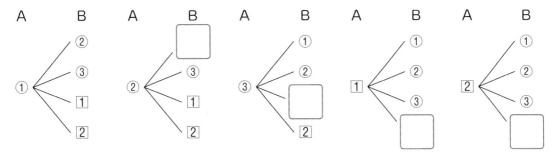

(2) Bがあたる確率を求めましょう。

樹形図から，A，B2人のくじのひき方は全部で [　　] 通りあります。

└(1)の樹形図より

また，Bがあたるのは，[　　] 通りだから，

求める確率は，$\dfrac{\boxed{}}{20} = \boxed{}$ です。

(3) 少なくとも1人はあたる確率を求めましょう。

A，Bのうち1人があたるのは [　　] 通り，

A，B2人ともあたるのは [　　] 通りあります。

少なくとも1人はあたるのは [　　] 通りあるから，

求める確率は，$\dfrac{\boxed{}}{20} = \boxed{}$ です。

これで
カンペキ くじびきの順番

くじびきであたる確率は，くじをひく順番に関係なく，みんな同じになります。

例えば，2本のうちあたりのくじが1本であり，A，Bの

順でくじをひくとき，あたる確率は2人とも $\dfrac{1}{2}$ になります。

ことわざの「残り物には福がある。」とはならないね。

いろいろな確率を求めよう！

点が動く場合の問題でも，表や樹形図を利用して考えます。

（例）正方形ABCDの頂点Aに，頂点を移動する点Pがあります。点Pは，さいころを1回投げて，出た目の数だけ，左回りに頂点を順に移動します。点Pが頂点Bで止まる確率を求めましょう。

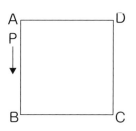

さいころを1回投げるときの目の出方は，| 6 |通りあります。点Pが頂点Bで止まるときは出た目が，

| 1 |，| 5 |の| 2 |通りあります。
　　　　　　　　↑図の○をつけた数

よって，求める確率は，$\dfrac{2}{6} = \dfrac{1}{3}$です。
　　　　　　　　　　　　↑約分します

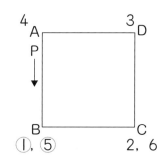

（例）右の図で，点Pは数直線上の原点にあり，点Pは1枚の硬貨を1回投げるごとに，表が出れば正の方向に1，裏が出れば負の方向に1動きます。1枚の硬貨を3回投げるとき，点Pの座標が−1になる確率を求めましょう。

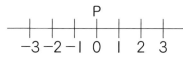

表が出るときを○，裏が出るときを×とすると，硬貨を3回投げたときの表裏の出方は全部で，| 8 |通りあり，どの場合が起こることも同様に確からしいです。
このうち，点Pの座標が−1になるのは，

| 3 |通りあります。
　↑樹形図で◯をつけた数

よって，求める確率は，$\dfrac{3}{8}$です。

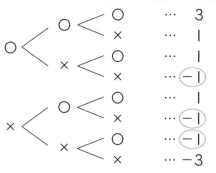

樹形図をかいて点Pの座標を調べてみるのじゃ！

解いてみよう！ ✏

解答 p.21

1 正方形ABCDの頂点Aに，頂点を移動する点Pがあります。点Pは，大小2つのさいころを同時に投げ，出た目の数の和だけ，左回りに頂点を順に移動します。点Pが頂点Aで止まる確率を求めましょう。

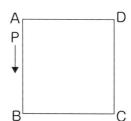

点Pが頂点Aで止まるのは，出た目の和が，

☐，☐，☐　になるときです。

2つのさいころの目の出方は36通りあって，

出た目の和が☐，☐，☐　になる

のは，右の表より，☐　通りあるから，

求める確率は，$\dfrac{☐}{36}$ ＝ ☐　です。

大＼小	1	2	3	4	5	6
1						
2						
3						
4						
5						
6						

2 右の図で，点Pは数直線上の原点にあり，点Pは1枚の硬貨を1回投げるごとに，表が出れば正の方向に2，裏が出れば負の方向に1動きます。1枚の硬貨を2回投げるとき，点Pの座標が1になる確率を求めましょう。

これで
カンペキ　さいころを3回投げるときの目の出方

> さいころを4回投げるときは，
> 6×6×6×6＝1296（通り）！

さいころを1回投げるときの目の出方は，6通り

さいころを2回投げるときの目の出方は，6×6＝36（通り）

さいころを3回投げるときの目の出方は，6×6×6＝216（通り）と増えていきます。

6章　確率

確認テスト

解答 p.22

/100点

1 1，2，3，4，5，6の数字が1つずつ書かれた6枚のカードがあります。このカードをよくきって1枚ひくとき，次の問いに答えましょう。（10点×2） ステージ46

(1) 5以上のカードが出る確率を求めましょう。

(2) 偶数(ぐうすう)のカードが出る確率を求めましょう。

2 2枚の硬貨(こうか)A，Bを同時に投げるとき，2枚とも裏が出る確率を求めましょう。

（10点） ステージ47

3 大小2つのさいころを同時に投げるとき，次の確率を求めましょう。（10点×3）

ステージ48

(1) 出る目の数の和が8になる確率

(2) 出る目の数の和が4以下になる確率

(3) 出る目の数の積が偶数になる確率

4 　2本のあたりくじが入った4本のくじがあり，増太郎（ますたろう）が先に1本をひき，続いて小太郎（こたろう）が1本ひきます。次の問いに答えましょう。(10点×3)　**ステージ 49**

(1)　増太郎があたる確率を求めましょう。

（解答欄）

(2)　小太郎がはずれる確率を求めましょう。

（解答欄）

(3)　少なくとも1人はあたる確率を求めましょう。

（解答欄）

5 　右の図のように，正方形ABCDの頂点Aの位置に2点P，Qがあります。大小2つのさいころを同時に1回投げて，大きいさいころの出た目の数だけ点Pを右回りに，小さいさいころの出た目の数だけ点Qを左回りに頂点を順に移動します。2点P，Qがともに正方形の同じ頂点で止まる確率を求めましょう。(10点)　**ステージ 50**

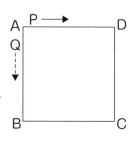

（解答欄）

数魔小太郎からの挑戦状

解答 p.22

チャレンジこそが上達の近道！

問題

　右の図のように，正五角形の池があり，各頂点をA，B，C，D，Eとします。はじめ増太郎は頂点Aの位置にいて，大小2つのさいころを同時に投げます。そして，出た目の数の和だけ，池のまわりをA，B，C，D，E，A，B，C，D，E，…の順に動きます。増太郎が頂点Aにくる確率を求めましょう。

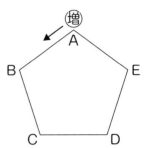

答え

　右の表より，2つのさいころの目の出方は全部で，
①＿＿＿＿＿通りあります。

　増太郎が頂点Aにくるときは，大小2つのさいころの出た目の数の和が②＿＿＿＿＿か③＿＿＿＿＿
（ただし②＜③）になるときです。

　目の数の和が②＿＿＿＿＿のときは④＿＿＿＿＿通り，

　目の数の和が③＿＿＿＿＿のときは⑤＿＿＿＿＿通りだから，

　増太郎が頂点Aにくるときは，⑥＿＿＿＿＿通りあります。

　よって，求める確率は，⑦＿＿＿＿＿

大 小	1	2	3	4	5	6
1	2	3	4	5	6	7
2	3	4	5	6	7	8
3	4	5	6	7	8	9
4	5	6	7	8	9	10
5	6	7	8	9	10	11
6	7	8	9	10	11	12

表から，増太郎の動きを読み取るのじゃ！

「確率の巻」伝授！

次は箱ひげの巻を見つけよう。

128

データの分布

最後の修業は「データの国」。
与えられたデータから，四分位数や四分位範囲を求める
ことで，データの分布を調べることができるぞ。
算術上忍になるには，データの分布を箱ひげ図から読み
取ることも重要だ。
森林のどこかに隠された「箱ひげの巻」を見つけ出せ！

データの分布①

四分位数の求め方をマスターしよう！

データの値を小さい方から順に並べ，全体を4等分する位置の値を四分位数といいます。

1 四分位数・四分位範囲

最小値をふくむ前半の中央値を第1四分位数，
データ全体の中央値を第2四分位数，
最大値をふくむ後半の中央値を第3四分位数
といい，これらをまとめて四分位数といいます。
（第3四分位数）−（第1四分位数）の値を四分位範囲といいます。

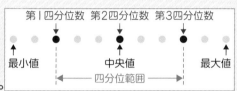

例 下のデータは，9人の生徒の計算テストの点数をまとめたものです。
次の問いに答えましょう。

　　　5　　8　　10　　12　　13　　15　　16　　18　　19
　　　　　　　　　　　　　　　　　　　　　　　（単位　点）

(1) 四分位数を求めましょう。

第2四分位数は9個のデータの中央値だから，　13　点

第1四分位数は最小値をふくむ前半の4個のデータの中央値だから，

$$\frac{8+10}{2} = 9 （点）$$

第3四分位数は最大値をふくむ後半の4個のデータの中央値だから，

$$\frac{16+18}{2} = 17 （点）$$

(2) 四分位範囲を求めましょう。

データの個数が偶数と奇数のときでは中央値の求め方がちがうのじゃ！

第3四分位数は　17　点，第1四分位数は　9　点だから，

四分位範囲は，　17　−　9　＝　8　（点）

★データの個数が偶数のときは，
まん中の2つの数の平均が
中央値になります。

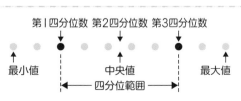

解いてみよう！

解答 p.23

1 下のデータは，女子10人のハンドボール投げの記録をまとめたものです。次の問いに答えましょう。

8	10	11	13	14	15	16	18	19	20

（単位　m）

(1) 四分位数を求めましょう。

第2四分位数は中央値だから，$\dfrac{\boxed{}+15}{2}=\boxed{}$（m）

第1四分位数は最小値をふくむ前半の5個のデータの中央値だから，$\boxed{}$ m

第3四分位数は最大値をふくむ後半の5個のデータの中央値だから，$\boxed{}$ m

(2) 四分位範囲を求めましょう。

第3四分位数は $\boxed{}$ m，第1四分位数は $\boxed{}$ m だから，

四分位範囲は，$\boxed{}-\boxed{}=\boxed{}$（m）

これで カンペキ 範囲と四分位範囲

範囲：資料の最大値と最小値の差

$19-1=18$（m）

└最大値　└最小値

四分位範囲：第3四分位数から
第1四分位数をひいた値

$11-4=7$（m）

└第3四分位数　└第1四分位数

増太郎のクラスの
まきびし投げの記録（単位m）

最小値　第1四分位数　　　第3四分位数　最大値

1	2	4	6	7	8	9	10	11	13	19

←──── 四分位範囲 ────→

←────────── 範囲 ──────────→

四分位範囲は極端な値に左右されにくいんだね！

データの分布②

箱ひげ図で表そう!

データのばらつきをわかりやすく表すのに箱ひげ図を使うときがあります。

1 箱ひげ図

データの最小値，第1四分位数，
第2四分位数，第3四分位数，
最大値を箱の形で表した図を
箱ひげ図という。

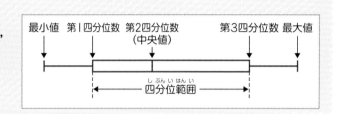

例 下のデータは，15人の生徒の3か月間で読んだ本の冊数を表しています。
次の問いに答えましょう。

14 7 4 2 5 6 15 13 3 6 2 5 10 8 5

（単位 冊）

(1) 最小値，最大値を求めましょう。
データを小さい方から順に並べると，

2 2 3 4 5 5 5 6 6 7 8 10 13 14 15

よって，最小値は 2 冊，最大値は 15 冊です。

(2) 四分位数を求めましょう。

第2四分位数は， 15 個のデータの中央値だから 6 冊

第1四分位数は最小値をふくむ前半の 7 個のデータの中央値だから 4 冊

第3四分位数は最大値をふくむ後半の 7 個のデータの中央値だから 10 冊

(3) 箱ひげ図をかきましょう。

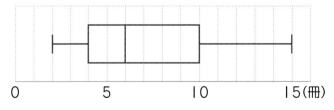

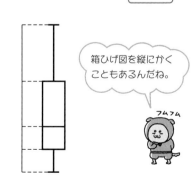

箱ひげ図を縦にかく
こともあるんだね。

解いてみよう！

解答 p.23

1 下のデータは，あるクラスで10回大なわとびを行ったときの跳んだ回数を表しています。次の問いに答えましょう。

16　　3　　18　　13　　6　　7　　11　　19　　14　　10

（単位　回）

(1) 最小値，最大値を求めましょう。

データを小さい方から順に並べると，

3　6　7　10　11　13　14　16　18　19

よって，最小値は □ 回，最大値は □ 回です。

(2) 四分位数と四分位範囲を求めましょう。

第2四分位数は，10個のデータの中央値だから， $\dfrac{11+\boxed{}}{2}=\boxed{}$ （回）

第1四分位数は最小値をふくむ前半の5個のデータの中央値だから， □ 回

第3四分位数は最大値をふくむ後半の5個のデータの中央値だから， □ 回

四分位範囲は， □ － □ ＝ □ （回）

(3) 箱ひげ図をかきましょう。

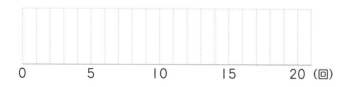

0　　　　5　　　　10　　　　15　　　　20（回）

これで
カンペキ 箱ひげ図からわかること

　箱ひげ図の箱の部分には，すべてのデータのうち，まん中に集まる約半数のデータがふくまれています。

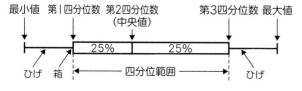

最小値　第1四分位数　第2四分位数　　　　第3四分位数　最大値
　　　　　　　　　　（中央値）

25%　　　25%

ひげ　箱　　　　四分位範囲　　　　　ひげ

箱は四分位範囲，ひげは最大値，最小値を表しているね。

確認テスト

解答 p.24　　/100点

1 次の□にあてはまることばを答えましょう。(5点×6)　ステージ 51

(1) データの値を小さい方から順に並べ，4等分したとき，3つの区切りの値を[ア]といい，小さい方から順に，[イ]，[ウ]，[エ]といいます。

ア [　　]　イ [　　]

ウ [　　]　エ [　　]

(2) 第2四分位数は，データの[　　]です。

[　　]

(3) 第3四分位数から第1四分位数をひいた値を，[　　]といいます。

[　　]

2 下のデータは，12人の生徒の計算テストの結果をまとめたものです。次の問いに答えましょう。(4点×4)　ステージ 51

6　7　10　11　12　13　15　16　17　18　19　20

（単位　点）

(1) 四分位数を求めましょう。

第1四分位数 [　　]　第2四分位数 [　　]　第3四分位数 [　　]

(2) 四分位範囲（しぶんいはんい）を求めましょう。

[　　]

3 下の図は，あるクラスにおける生徒の家庭での学習時間を，箱ひげ図に表したものです。次の問いに答えなさい。(5点×6) ステージ **52**

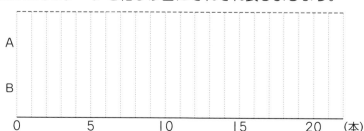

（1） 最小値，最大値をそれぞれ求めましょう。

最小値 [ ]   最大値 [ ]

（2） 四分位数を求めましょう。

第1四分位数 [ ]   第2四分位数 [ ]   第3四分位数 [ ]

（3） 四分位範囲を求めましょう。

[ ]

4 下のデータは，バスケットボールの試合で，AさんとBさんが10試合で入れたシュートの本数を表したものです。次の問いに答えなさい。(8点×3) ステージ **52**

| A | 4 | 5 | 6 | 7 | 8 | 10 | 11 | 13 | 15 | 18 |
| B | 2 | 4 | 5 | 6 | 8 | 8 | 10 | 11 | 14 | 15 |

（単位　本）

（1） AさんとBさんの最小値，最大値をそれぞれ表に書き入れましょう。

	最小値	最大値
A		
B		

（単位　本）

（2） AさんとBさんの四分位数をそれぞれ表に書き入れましょう。

	第1四分位数	第2四分位数	第3四分位数
A			
B			

（単位　本）

（3） AさんとBさんのデータを箱ひげ図にそれぞれ表しましょう。

7章

データの分布

数魔小太郎からの挑戦状

解答 p.24

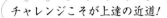

チャレンジこそが上達の近道！

問題

　下の図は，増太郎と数々丸のクラスそれぞれ20人の忍術テストの得点を，箱ひげ図に表したものです。

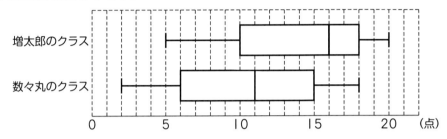

このとき，箱ひげ図から読み取れることとして正しくないものを選びましょう。

　ア　得点の範囲が大きいのは，数々丸のクラスである。

　イ　忍術テストを受けた忍者の得点の中で，いちばん高い得点は20点である。

　ウ　どちらのクラスも得点の四分位範囲は8点である。

答え　＿＿＿＿＿＿＿

これで中学2年の学習は終了じゃ。よくがんばったの。

「箱ひげの巻」伝授！

すべての巻物をゲットした！
3年では，世界を旅しよう！

□ 編集協力　㈲マイプラン　尾﨑恵理子　細川啓太郎
□ 本文デザイン　studio1043　CONNECT
□ DTP　　㈲マイプラン
□ 図版作成　㈲マイプラン
□ イラスト　さやましょうこ　㈲マイプラン）

シグマベスト

**ぐーんっとやさしく
中2数学**

本書の内容を無断で複写（コピー）・複製・転載することを禁じます。また，私的使用であっても，第三者に依頼して電子的に複製すること（スキャンやデジタル化等）は，著作権法上，認められていません。

編　者　文英堂編集部
発行者　益井英郎
印刷所　凸版印刷株式会社
発行所　株式会社文英堂
　　　　〒601-8121　京都市南区上鳥羽大物町28
　　　　〒162-0832　東京都新宿区岩戸町17
　　　　（代表）03-3269-4231

中2数学

ぐーんっと
やさしく

解答と解説

文英堂

ステージ 1 — 単項式と多項式

単項式と多項式のちがいをおぼえよう!

❶ 次の式は、単項式、多項式のどちらですか。

(1) $-8x$

$-8x$ は項が $\boxed{1}$ つだけなので、

$-8x$ は $\boxed{単項式}$ です。

(2) $3ab-a$

和の形で表すと、$\boxed{3ab}+\boxed{(-a)}$

なので、$3ab-a$ は $\boxed{多項式}$ です。

(3) $\dfrac{1}{3}a^2-\dfrac{1}{6}$

和の形で表すと、

$\dfrac{1}{3}a^2+\left(-\dfrac{1}{6}\right)$ なので、

$\dfrac{1}{3}a^2-\dfrac{1}{6}$ は多項式

(4) 4

4 は項が1つだけなので、
4 は単項式

❷ 次の問いに答えましょう。

(1) $-4abc$ の次数を答えましょう。

かけ算で表すと、$-4\times\boxed{a}\times\boxed{b}\times\boxed{c}$ なので、次数は $\boxed{3}$ です。

(2) $x^2y-2xy+3$ の項を答えましょう。また、この式は何次式ですか。

$x^2y-2xy+3$ は、$\boxed{x^2y}$ と $-2xy$ と $\boxed{3}$ です。

$x^2y=x\times x\times y$ より、この項の次数は $\boxed{3}$、

$-2xy=-2\times x\times y$ より、この項の次数は $\boxed{2}$ です。

$x^2y-2xy+3$ の次数は $\boxed{3}$ より、この多項式は $\boxed{3}$ 次式です。
└ 各項の次数のうち もっとも大きいもの

ステージ 2 — 同類項

同類項をまとめよう!

❶ 次の式で、同類項を答えましょう。

(1) $6x+7y-x+2y$
この式の項は、$6x$, $7y$,

$\boxed{-x}$、$\boxed{2y}$

同類項は、$6x$ と $\boxed{-x}$,

$7y$ と $\boxed{2y}$ です。

(2) $5a-2b+4b+3a$

この式の項は、$5a$, $-2b$,
$4b$, $3a$
同類項は、$\underset{}{5a}$ と $\underset{}{3a}$,
$-2b$ と $4b$ ┄┄ 文字の部分 が同じ

(3) $4ab+11c-8ab-7c$
この式の項は、$4ab$, $11c$,

$\boxed{-8ab}$、$\boxed{-7c}$

同類項は、$4ab$ と $\boxed{-8ab}$,

$11c$ と $\boxed{-7c}$ です。

(4) $x^2y+2xy-3xy+6x^2y$

この式の項は、x^2y, $2xy$,
$-3xy$, $6x^2y$
同類項は、x^2y と $6x^2y$,
$2xy$ と $-3xy$ ┄┄ 文字の部分 が同じ

❷ 次の計算をしましょう。

(1) $5a-2b+4b+2a$
$=5a+2a-2b+4b$
$=(\boxed{5+2})a+(\boxed{-2+4})b$
└aの項をまとめます └bの項をまとめます
$=\boxed{7a}+\boxed{2b}$

(2) $-3a^2+6ab-9ab+8a^2$
$=-3a^2+8a^2+6ab-9ab$
$=(-3+8)a^2+(6-9)ab$
$=5a^2-3ab$
└ 係数どうしを計算

ステージ 3 — 多項式の加法・減法

多項式のたし算・ひき算をしよう!

❶ 次の計算をしましょう。

(1) $(3a+b)+(a+4b)$

$=3a+b+\boxed{a+4b}$ かっこははずします

$=3a+a+b+4b$ 項を並べかえます
└aをふくむ項 └bをふくむ項
同類項をまとめます

$=\boxed{4a+5b}$

(2)
$\quad\ -2a-4b$
$\underline{+)\ \ 3a+\ b}$
$\quad\ \ a-3b$

$-2a+3a \quad -4b+b$

❷ 次の計算をしましょう。

(1) $(x+3y)-(4x-5y)$

$=x+3y\boxed{-4x+5y}$ かっこをはずします

項を並べかえます

$=\underset{x をふくむ項}{x-4x}+\underset{y をふくむ項}{3y+5y}$
同類項をまとめます

$=\boxed{-3x+8y}$

(2)
$\quad\ 8x-7y$
$\underline{-)\ 6x-4y}$
$\quad\ 2x-3y$

$8x-6x \quad -7y-(-4y)$

ステージ 4 — 多項式と数の乗法と除法

多項式と数のかけ算・わり算をしよう!

❶ 次の計算をしましょう。

(1) $2(6a-5b)$

$=2\times\boxed{6a}+2\times\boxed{-5b}$

$=\boxed{12a-10b}$

(2) $\dfrac{1}{3}(15x-9y)$

$=\dfrac{1}{3}\times15x+\dfrac{1}{3}\times(-9y)$

$=5x-3y$

(3) $(5x-3y)\times(-2)$

$=5x\times\boxed{-2}-3y\times\boxed{-2}$

$=\boxed{-10x+6y}$

(4) $(8a-16b+2)\times\dfrac{1}{2}$

$=8a\times\dfrac{1}{2}-16b\times\dfrac{1}{2}+2\times\dfrac{1}{2}$

$=4a-8b+1$

❷ 次の計算をしましょう。

(1) $(15a+35b)\div5$

$=(15a+35b)\times\boxed{\dfrac{1}{5}}$

$=15a\times\boxed{\dfrac{1}{5}}+35b\times\boxed{\dfrac{1}{5}}$

$=\boxed{3a+7b}$

(2) $(10x+8y)\div\left(-\dfrac{2}{3}\right)$

$=(10x+8y)\times\left(-\dfrac{3}{2}\right)$

$=10x\times\left(-\dfrac{3}{2}\right)+8y\times\left(-\dfrac{3}{2}\right)$

$=-15x-12y$

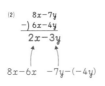

ステージ 5　いろいろな多項式の計算
いろいろな式の計算をマスターしよう!

❶ 次の計算をしましょう。

(1) 6(3x+y)+2(x-4y)

$=$ $\boxed{18x}$ $+6y+$ $\boxed{2x}$ $-8y$

$=18x+2x+6y-8y$

$=$ $\boxed{20x-2y}$

(2) 5(4a-2b)-7(2a-b)　←符号に注意

$=20a-10b-14a+7b$

$=20a-14a-10b+7b$

$=6a-3b$

❷ 次の計算をしましょう。

(1) $\dfrac{3x+y}{2}+\dfrac{x-4y}{2}$

$=\dfrac{3x+y}{\boxed{4}}+\dfrac{2(x-4y)}{\boxed{4}}$

$=\dfrac{3x+y+2(x-4y)}{4}$

$=\dfrac{3x+y+2x-\boxed{8y}}{4}$

$=\boxed{\dfrac{5x-7y}{4}}$

(2) $\dfrac{2a+b}{9}-\dfrac{2a-3b}{4}$

$=\dfrac{4(2a+b)}{36}-\dfrac{9(2a-3b)}{36}$

$=\dfrac{4(2a+b)-9(2a-3b)}{36}$　←符号に注意

$=\dfrac{8a+4b-18a+27b}{36}$

$=\dfrac{-10a+31b}{36}$

ステージ 6　単項式の乗法と除法①
単項式のかけ算をしよう!

❶ 次の計算をしましょう。

(1) (-8x)×9y

$=($ $\boxed{-8}$ $)×9×$ $\boxed{x}$ $×y$　係数どうし　文字どうし

$=$ $\boxed{-72xy}$

(2) (-4a)×(-7b)

$=(-4)×(-7)×a×b$

$=28ab$　係数どうし　文字どうし

❷ 次の計算をしましょう。

(1) 6a²×3ab

$=6×$ $\boxed{a}$ $×a×3×$ $\boxed{a}$ $×b$

$=6×3×a×a×a×b$　係数どうし　文字どうし

$=$ $\boxed{18a^3b}$

(2) (-x³y)×(-2y)

$=(-1)×x×x×x×y×(-2)×y$

$=(-1)×(-2)×x×x×x×y×y$

$=2x^3y^2$　係数どうし　文字どうし

(3) (-2x)²

$=(-2x)×($ $\boxed{-2x}$ $)$

$=(-2)×$ $\boxed{-2}$ $×$ $\boxed{x}$ $×x$　係数どうし　文字どうし

$=$ $\boxed{4x^2}$

(4) (-3a)³　←-3aを3回かけます

$=(-3a)×(-3a)×(-3a)$

$=(-3)×(-3)×(-3)×a×a×a$

$=-27a^3$

ステージ 7　単項式の乗法と除法②
単項式のわり算をしよう!

❶ 次の計算をしましょう。

(1) 32ab÷(-8a)　分数の形で表します

$=\dfrac{32ab}{\boxed{-8a}}$

$=\dfrac{32×a×b}{8×a}$　係数どうし、文字どうしを割り付します

$=\boxed{-4b}$

(2) $15ab^2÷\dfrac{5}{7}ab$　$\dfrac{5ab}{7}$　乗法になおします

$=15ab^2×$ $\boxed{\dfrac{7}{5ab}}$

$=\dfrac{15×a×b×b×7}{5×a×b}$

$=\boxed{21b}$

❷ 次の計算をしましょう。

(1) 4ab²×5a÷10b　わる数を逆数にして乗法になおします

$=4ab^2×5a×$ $\boxed{\dfrac{1}{10b}}$

$=\dfrac{4×a×b×b×5×a}{10×b}$　係数どうし、文字どうしを約分します

$=\boxed{2a^2b}$

(2) 2x²y×6y÷3x　乗法になおします

$=2x^2y×6y×\dfrac{1}{3x}$

$=\dfrac{2×x×x×y×6×y}{3×x}$

$=4xy^2$

ステージ 8　式の値
式の値を簡単に求めよう!

❶ x=-2, y=3のとき、次の式の値を求めましょう。

(1) 3(2x+y)-2(x+4y)

$=$ $\boxed{6x}$ $+3y-2x$ $\boxed{-8y}$

$=4x-5y$　文字に数を代入します

$=4×($ $\boxed{-2}$ $)-5×$ $\boxed{3}$

$=-8-15$

$=$ $\boxed{-23}$

x=-2を代入します　　y=3を代入します

(2) 9(x-2y)-6(2x-5y)

$=9x-18y-12x+30y$

$=-3x+12y$

$=-3×(-2)+12×3$

$=6+36$

$=42$

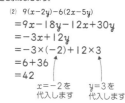

❷ a=3, b=1/4のとき、次の式の値を求めましょう。

(1) 20a²b÷(-5a)

$=-\dfrac{20a^2b}{\boxed{5a}}$

$=-4ab$　文字に数を代入します

$=-4×$ $\boxed{3}$ $×$ $\boxed{\dfrac{1}{4}}$

$=\boxed{-3}$

(2) -16ab²×3a÷(-6ab)

$=-16ab^2×3a×\left(-\dfrac{1}{6ab}\right)$

$=\dfrac{16ab^2×3a}{6ab}$　a=3, b=1/4を代入します

$=8ab$

$=8×3×\dfrac{1}{4}$

$=6$

文字式を使って説明しよう!

❶ 奇数と奇数の和は偶数になることを説明しましょう。

(説明)　m, n を整数とすると, 2つの奇数は $2m+1$, $\boxed{2n+1}$ と表されます。

何を文字で表すか

したがって, それらの和は, $2m+1+\boxed{2n+1}=2m+2n+2$

$$=2(\boxed{m+n+1})$$

ここで, $\boxed{m+n+1}$ は整数だから, $2(\boxed{m+n+1})$ は $\boxed{偶数}$ です。

したがって, 奇数と奇数の和は偶数になります。

❷ 連続する5つの自然数の和は5の倍数になることを説明しましょう。

n を3以上の整数とすると, 連続する5つの自然数は,

$n-2$, $n-1$, n, $n+1$, $n+2$ と表されます。

したがって, それらの和は,

$(n-2)+(n-1)+n+(n+1)+(n+2)$

$=n-2+n-1+n+n+1+n+2=5n$

ここで, n は整数だから, $5n$ は5の倍数です。

したがって, 連続する5つの自然数の和は5の倍数になります。

等式の変形をマスターしよう!

❶ 次の等式を〔　〕の中の文字について解きましょう。

(1)　$3x+4y=36$　〔y〕

$3x+4y=36$

$4y=\boxed{-3x}+36$

左辺の $3x$ を
右辺に移項します

$y=\boxed{-\dfrac{3}{4}x+9}$

両辺を4で
わります

(2)　$3a=4bc$　〔b〕

$3a=4bc$　両辺を

$4bc=3a$　入れかえます

$b=\dfrac{3a}{4c}$

(3)　$\dfrac{x}{3}+\dfrac{y}{4}=1$　〔y〕

$\dfrac{x}{3}+\dfrac{y}{4}=1$

$\boxed{4x}+3y=\boxed{12}$

両辺に3と4の
最小公倍数を
かけます

$3y=-4x+12$

左辺の $\boxed{4x}$ を
右辺に移項します

$y=\boxed{-\dfrac{4}{3}x+4}$

両辺を3で
わります

(4)　$S=\dfrac{1}{2}(a+b)h$　〔a〕

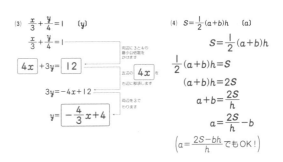

$S=\dfrac{1}{2}(a+b)h$

$\dfrac{1}{2}(a+b)h=S$

$(a+b)h=2S$

$a+b=\dfrac{2S}{h}$

$a=\dfrac{2S}{h}-b$

$\left(a=\dfrac{2S-bh}{h}\, でもOK!\right)$

1 (1)単項式　　(2)多項式

2 4

解説　$-4ab^2c = -4 \times a \times b \times b \times c$ より,
次数は4となる。

3 (1)$x+2y$　　(2)$a+3b$
(3)$-24x+12y$　　(4)$24x+16y$

解説　(1)$3x-2x+6y-4y=x+2y$
(2)$3a-4b-2a+7b=a+3b$
(3)$6x \times (-4)-3y \times (-4)=-24x+12y$
(4)$(21x+14y) \times \dfrac{8}{7}$
$\qquad = 21x \times \dfrac{8}{7}+14y \times \dfrac{8}{7}$
$\qquad = 24x+16y$

4 (1)$-6x+5y$　　(2)$\dfrac{6a+23b}{20}$

解説　(1)$6x-3y-12x+8y=-6x+5y$
(2)$\dfrac{5(2a+3b)}{20}-\dfrac{4(a-2b)}{20}$
$\qquad = \dfrac{5(2a+3b)-4(a-2b)}{20}$
$\qquad = \dfrac{10a+15b-4a+8b}{20}$
$\qquad = \dfrac{6a+23b}{20}$

5 (1)$-12ab$　　(2)$25x^2$
(3)$2x$　　(4)$36a$

解説　(1)$4a \times (-3b)=4 \times (-3) \times a \times b$
$\qquad\qquad = -12ab$
(2)$(-5x)^2=(-5x) \times (-5x)=25x^2$
(3)$12xy \div 6y=\dfrac{12xy}{6y}=2x$
(4)$32a^2 \div \dfrac{8}{9}a=32a^2 \div \dfrac{8a}{9}$
$\qquad = 32a^2 \times \dfrac{9}{8a}=36a$

6 -22

解説　$4(3a-2b)-2(5a-b)$
$\qquad = 12a-8b-10a+2b=2a-6b$
$a=-2,\ b=3$ を代入して,
$2 \times (-2)-6 \times 3=-4-18=-22$

7 $m,\ n$ を整数とすると2つの偶数は,
$2m,\ 2n$ と表される。
したがって, 2つの偶数の積は,
$2m \times 2n=4mn$
ここで, mn は整数だから, $4mn$ は4の
倍数である。
よって, 偶数と偶数の積は, 4の倍数になる。

8 (1)$y=\dfrac{5}{4}x-3$　　(2)$a=\dfrac{18c}{b}$

解説　(1)$5x-4y=12$
$\qquad -4y=-5x+12$
$\qquad 4y=5x-12$
$\qquad y=\dfrac{5}{4}x-3$
(2)$\dfrac{1}{2}ab=9c$
$\qquad ab=18c$
$\qquad a=\dfrac{18c}{b}$

数魔小太郎からの挑戦状

答え　①$n-7$　　②$n+7$　　③$3n$

解説　いちばん上の数はまん中の数より,
$17-10=7$ 小さくなる。
いちばん下の数はまん中の数より,
$24-17=7$ 大きくなる。

$$\begin{array}{|c|}\hline n-7 \\ n \\ n+7 \\ \hline \end{array}$$
　7小さい
　7大きい

方程式とその解

連立方程式を知ろう!

❶ 次のア〜エの値の組のうち，連立方程式 $\begin{cases} x+5y=9 &\cdots① \\ 2x-y=-4 &\cdots② \end{cases}$ の解はどれですか。

ア $x=2,\ y=1$　イ $x=-1,\ y=2$　ウ $x=-6,\ y=3$　エ $x=-2,\ y=0$

ア　① (左辺)= $\boxed{2}$ +5× $\boxed{1}$ = $\boxed{7}$ 　　(右辺)=9
　　　　　　　　　　　　　　　　　　　　　　等しい？

　　② (左辺)=2× $\boxed{2}$ - $\boxed{1}$ = $\boxed{3}$ 　　(右辺)=-4
　　　　　　　　　　　　　　　　　　　　　　等しい？

イ　① (左辺)= $\boxed{-1}$ +5× $\boxed{2}$ = $\boxed{9}$ 　　(右辺)=9
　　　　　　　　　　　　　　　　　　　　　　等しい？

　　② (左辺)=2×($\boxed{-1}$)- $\boxed{2}$ = $\boxed{-4}$ 　　(右辺)=-4
　　　　　　　　　　　　　　　　　　　　　　等しい？

ウ　① (左辺)= $\boxed{-6}$ +5× $\boxed{3}$ = $\boxed{9}$ 　　(右辺)=9
　　　　　　　　　　　　　　　　　　　　　　等しい？

　　② (左辺)=2×($\boxed{-6}$)- $\boxed{3}$ = $\boxed{-15}$ 　　(右辺)=-4
　　　　　　　　　　　　　　　　　　　　　　等しい？

エ　① (左辺)= $\boxed{-2}$ +5× $\boxed{0}$ = $\boxed{-2}$ 　　(右辺)=9
　　　　　　　　　　　　　　　　　　　　　　等しい？

　　② (左辺)=2×($\boxed{-2}$)- $\boxed{0}$ = $\boxed{-4}$ 　　(右辺)=-4
　　　　　　　　　　　　　　　　　　　　　　等しい？

よって，連立方程式 $\begin{cases} x+5y=9 &\cdots① \\ 2x-y=-4 &\cdots② \end{cases}$ の解は $\boxed{イ}$ です。

連立方程式の解き方①

加減法の解き方をマスターしよう!

❶ 次の連立方程式を加減法で解きましょう。

(1) $\begin{cases} x+y=4 &\cdots① \\ 3x-y=8 &\cdots② \end{cases}$

①の両辺と②の両辺をたすと，
$$\begin{array}{r} x+y=4 \\ +)\ 3x-y=8 \\ \hline 4x=\boxed{12} \end{array}$$
$x=\boxed{3}$

$x=\boxed{3}$ を①に代入して，
$\boxed{3}$ +y=4
$y=\boxed{1}$

答え $x=\boxed{3}$, $y=\boxed{1}$

(2) $\begin{cases} x+2y=5 &\cdots① \\ x+y=1 &\cdots② \end{cases}$

①の両辺から②の両辺をひくと，
$$\begin{array}{r} x+2y=5 \\ -)\ x+\ y=1 \\ \hline y=4 \end{array}$$
$y=4$ を②に代入して，
$x+4=1$
$x=-3$

答え $x=-3$, $y=4$

(3) $\begin{cases} x+4y=-2 &\cdots① \\ 2x+3y=1 &\cdots② \end{cases}$

①×2 $\quad 2x+8y=-4$
② $\quad -)\ 2x+3y=\ 1$
$\qquad\qquad\overline{\quad 5y=\boxed{-5}\quad}$
$\qquad\qquad\quad y=\boxed{-1}$

$y=\boxed{-1}$ を①に代入して，
$x-4=-2$
$x=\boxed{2}$

答え $x=\boxed{2}$, $y=\boxed{-1}$

(4) $\begin{cases} 3x-5y=19 &\cdots① \\ -x+4y=-11 &\cdots② \end{cases}$

① $\qquad\quad 3x-\ 5y=\ 19$
②×3 $+)-3x+12y=-33$
$\qquad\qquad\overline{\qquad 7y=-14}$
$\qquad\qquad\qquad y=-2$

$y=-2$ を②に代入して，
$-x+4×(-2)=-11$
$-x-8=-11$
$-x=-3$
$x=3$

答え $x=3$, $y=-2$

連立方程式の解き方②

代入法の解き方をマスターしよう!

❶ 次の連立方程式を代入法で解きましょう。

(1) $\begin{cases} x=3y+5 &\cdots① \\ 2x-5y=8 &\cdots② \end{cases}$

①を②に代入すると，
$2(\boxed{3y+5})-5y=8$
$6y+10-5y=8$
$\qquad\qquad y=\boxed{-2}$

$y=\boxed{-2}$ を①に代入して，
$x=3×(\boxed{-2})+5$
$\boxed{-1}$

答え $x=\boxed{-1}$, $y=\boxed{-2}$

(2) $\begin{cases} 4x-y=5 &\cdots① \\ y=x+4 &\cdots② \end{cases}$

②を①に代入すると，
$4x-(x+4)=5$
$4x-x-4=5$ ←かっこを
$\qquad 3x=9$ 　はずすと
$\qquad\ x=3$ 　き符号に
　　　　　　　注意

$x=3$ を②に代入して，
$y=3+4$
$\quad =7$

答え $x=3$, $y=7$

(3) $\begin{cases} 4x+3y=13 &\cdots① \\ 4x=y+1 &\cdots② \end{cases}$

②を①に代入すると，
$(\boxed{y+1})+3y=13$
$\qquad\quad 4y=12$
$\qquad\quad\ y=\boxed{3}$

$y=\boxed{3}$ を②に代入して，
$4x=\boxed{3} +1$
$\ x=\boxed{1}$

答え $x=\boxed{1}$, $y=\boxed{3}$

(4) $\begin{cases} 2y=3x-1 &\cdots① \\ x-2y=-5 &\cdots② \end{cases}$

①を②に代入すると，
$x-(3x-1)=-5$
$x-3x+1=-5$ ←かっこを
$\quad -2x=-6$ 　はずすと
$\qquad\ x=3$ 　き符号に
　　　　　　　注意

$x=3$ を①に代入して，
$2y=3×3-1$
$2y=8$
$\ y=4$

答え $x=3$, $y=4$

いろいろな方程式①

いろいろな連立方程式を解こう!

❶ 次の連立方程式を解きましょう。

(1) $\begin{cases} 2x+3y=17 &\cdots① \\ y=4(x-3)-1 &\cdots② \end{cases}$

②のかっこをはずして，
$y=4x \boxed{-12} -1=4x-13 \cdots③$

③を①に代入すると，
$2x+3(\boxed{4x-13})=17$
$2x+12x-39=17$
$\qquad 14x=56$
$\qquad\ x=\boxed{4}$

$x=\boxed{4}$ を③に代入して，
$y=4× \boxed{4} -13=\boxed{3}$

答え $x=\boxed{4}$, $y=\boxed{3}$

(2) $\begin{cases} 11x-6y=40 &\cdots① \\ 2(x-y)=12-x &\cdots② \end{cases}$

②のかっこをはずして，
$2x-2y=12-x$
$3x-2y=12 \cdots③$

① $\qquad\quad 11x-6y=40$
③×3 $-)\ 9x-6y=36$
$\qquad\qquad\overline{\quad 2x\qquad =\ 4}$ 　yの係数を
$\qquad\qquad\quad x=2$ 　そろえます

$x=2$ を①に代入して，
$11×2-6y=40 \quad 22-6y=40$
$-6y=18 \quad y=-3$

答え $x=2$, $y=-3$

(3) $\begin{cases} 0.1x-0.5y=-1.6 &\cdots① \\ 0.4x+0.7y=-1 &\cdots② \end{cases}$

①，②をそれぞれ10倍すると，
$x-5y=-16 \cdots③$
$4x+7y=\boxed{-10} \cdots④$

③×4 $\quad 4x-20y=-64$
④ $\quad -)\ 4x+\ 7y=-10$
$\qquad\qquad\overline{\quad -27y=\boxed{-54}\quad}$
$\qquad\qquad\qquad y=\boxed{2}$

$y=\boxed{2}$ を③に代入して，
$x-5× \boxed{2} =-16$
$x=\boxed{-6}$

答え $x=\boxed{-6}$, $y=\boxed{2}$

$A-B=C$ の方程式を解こう!

1 次の連立方程式を解きましょう。

$$\begin{cases} 2x-y=-1 & \cdots① \\ \dfrac{1}{2}x+\dfrac{1}{3}y=5 & \cdots② \end{cases}$$

②の両辺に $\boxed{6}$ をかけて,
　　　　　　　2と3の最小公倍数

$\boxed{3x}+2y=\boxed{30}\cdots③$

$①×2\qquad 4x-2y=-\ 2$
$③\qquad +)\ 3x+2y=\ 30$
$\qquad\qquad \boxed{7x}\quad\ =\ 28$
$\qquad\qquad\quad\ x=\boxed{4}$

$x=\boxed{4}$ を①に代入して,

$2×\boxed{4}-y=-1$
$\qquad\qquad -y=-9$
$\qquad\qquad\ \ y=\boxed{9}$

答え $x=\boxed{4}$, $y=\boxed{9}$

2 次の方程式を解きましょう。

(1) $5x-2y=-2x+y=1$

$\begin{cases}5x-2y=1 & \cdots① \\ -2x+y=1 & \cdots②\end{cases}$ と組み合わせて,

$①\qquad\quad 5x-2y=1$
$②×2\ +)\ \boxed{-4x+2y}=2$
$\qquad\qquad\quad x\qquad\ =\ 3$
$\qquad\qquad\quad x=\boxed{3}$

$x=\boxed{3}$ を②に代入して,
$-2×\boxed{3}+y=1$
$\qquad\qquad\quad y=\boxed{7}$

答え $x=\boxed{3}$, $y=\boxed{7}$

(2) $3x+y=7x+3y=2$

$A=B=C$

$\begin{cases}3x+y=2 & \cdots① \\ 7x+3y=2 & \cdots②\end{cases}$ と組み合わせて,

$①×3\qquad 9x+3y=6$
$②\qquad\ -)\ 7x+3y=2$
$\qquad\qquad\ 2x\qquad =4$
$\qquad\qquad\quad\ x=2$

$x=2$ を①に代入して,
$3×2+y=2$
$\qquad\quad y=-4$

答え $x=2$, $y=-4$

個数と代金に関する連立方程式を解こう!

1 1個90円のりんごと1個40円のみかんを合わせて30個買い,代金を1900円支払いました。りんごとみかんをそれぞれ何個買いましたか。

文字でおく

りんごを x 個,みかんを y 個買ったとすると,

連立方程式をつくる

個数の関係から,$x+y=\boxed{30}\cdots①$
　　　　　　　　りんごとみかんの個数の合計

代金の関係から,$\boxed{90x}+40y=1900\cdots②$
　　　　　　　りんごの代金

①,②を連立方程式として解くと,

$①×40\qquad 40x+40y=\boxed{1200}$
$②\qquad\ -)\ 90x+40y=1900$
$\qquad\qquad\ -50x\quad\ =-700$
$\qquad\qquad\qquad x=\boxed{14}$

	りんご	みかん	合計
1個の値段(円)	90	40	
個数(個)	x	y	30
代金(円)	$90x$	$40y$	1900

連立方程式を解く

$x=\boxed{14}$ を①に代入して,
$\boxed{14}+y=30$
$\qquad\quad y=\boxed{16}$

求める答えになおす

よって,買ったりんごの個数は $\boxed{14}$ 個,みかんの個数は $\boxed{16}$ 個です。
この解は問題にあっています。

速さに関する連立方程式を解こう!

1 A地点からB地点を通ってC地点までいく道のりは280kmです。自動車で,A地点からB地点までは時速40km,B地点からC地点までは時速80kmで走ったところ,4時間かかりました。A地点からB地点まで,B地点からC地点までの道のりはそれぞれ何kmですか。

文字でおく

A地点からB地点までの道のりを x km,B地点からC地点までの道のりを y km とすると,

連立方程式をつくる

道のりの関係から,$x+y=\boxed{280}\cdots①$

時間の関係から,$\dfrac{x}{40}+\dfrac{y}{80}=4\cdots②$

連立方程式を解く

①,②を連立方程式として解くと,

$①\qquad\qquad x+y=\ \ 280$
$②×80\ -)\ 2x+y=\boxed{320}$
$\qquad\qquad -x\ \ \ \ =-40$
$\qquad\qquad\ \ x=\boxed{40}$

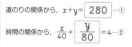
280km
A — $x$km — B — $y$km — C
時速40km→　時速80km→
$\dfrac{x}{40}$時間　　$\dfrac{y}{80}$時間

$x=40$ を①に代入して,$40+y=280$
$\qquad\qquad\qquad\qquad\qquad y=\boxed{240}$

求める答えになおす

よって,A地点からB地点まで $\boxed{40}$ km,B地点からC地点まで $\boxed{240}$ km です。
この解は問題にあっています。

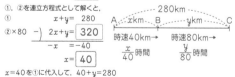 できたかな?

割合に関する連立方程式を解こう!

1 ある中学校の昨年の生徒数は540人で,今年は昨年と比べて,男子は5%増加し,女子は3%減少したため,全体では3人増加しました。今年の男子,女子の生徒数をそれぞれ求めましょう。

文字でおく

昨年の男子の生徒数を x 人,女子の生徒数を y 人とすると,

連立方程式をつくる

昨年の生徒数の関係から,$x+y=\boxed{540}\cdots①$

生徒数の増減の関係から,$\dfrac{5}{100}x-\dfrac{3}{100}y=3\cdots②$

①,②を連立方程式として解くと,

$①×3\qquad\ \ 3x+3y=1620$
$②×100\ +)\ 5x-3y=\ \ 300$
$\qquad\qquad\quad 8x\qquad =1920$
$\qquad\qquad\qquad x=\boxed{240}$

	男子	女子	合計
昨年の生徒数(人)	x	y	540
生徒数の増減(人)	$\dfrac{5}{100}x$	$-\dfrac{3}{100}y$	3

連立方程式を解く

$x=\boxed{240}$ を①に代入して,$\boxed{240}+y=540$
$\qquad\qquad\qquad\qquad\qquad\quad y=\boxed{300}$

昨年の男子の生徒数が240人,女子の生徒数が300人なので,

求める答えになおす

今年の男子の生徒数は,$\boxed{240}+\boxed{240}×\dfrac{5}{100}=252$(人)

女子の生徒数は,$\boxed{300}-\boxed{300}×\dfrac{3}{100}=\boxed{291}$(人)

よって,今年の男子の生徒数は252人,女子の生徒数は $\boxed{291}$ 人です。
この解は問題にあっています。

 おつかれさま!

1 ウ

[解説] $x=3$, $y=-2$ を**ア**, **イ**, **ウ**に代入して，等式が2つとも成り立つか調べる。

2 (1) $x=5$, $y=3$　　(2) $x=7$, $y=2$
　　(3) $x=3$, $y=-1$　(4) $x=3$, $y=4$

[解説] 上の式を①，下の式を②とする。
　(1)①-②より，$2y=6$　$y=3$
　　これを②に代入して，$x+6=11$　$x=5$
　(2)①-②×3より，$19y=38$　$y=2$
　　これを②に代入して，$x-10=-3$　$x=7$
　(3)①を②に代入して，$2x+(-x+2)=5$
　　これを解くと，$x=3$
　　①に代入して，$y=-3+2=-1$
　(4)②を①に代入して，$x-(3x-1)=-5$
　　これを解くと，$x=3$
　　②に代入して，$2y=9-1$　$2y=8$　$y=4$

3 (1) $x=4$, $y=3$　　(2) $x=\dfrac{1}{2}$, $y=2$
　　(3) $x=5$, $y=-2$　(4) $x=5$, $y=-1$

[解説] (1)〜(3)の上の式を①，下の式を②とする。
　(1)②の式を整理すると，$4x-y=13$…③
　　①×2-③より，$y=3$，代入して，$x=4$
　(2)①の式の両辺を10倍すると，
　　$2x-3y=-5$…③
　　②-③より，$y=2$，代入して，$x=\dfrac{1}{2}$
　(3)①の式の両辺を4倍すると，
　　$2x-y=12$…③
　　②×2-③より，$y=-2$，代入して，$x=5$
　(4)$x-2y=7$…①，$2x+3y=7$…②
　　①×2-②より，$y=-1$，代入して，$x=5$

4 消しゴム6個，ペン5本

[解説] 50円の消しゴムをx個，80円のペンをy本買ったとすると，
$$\begin{cases} x+y=11 & \cdots① \\ 50x+80y=700 & \cdots② \end{cases}$$
①×80-②より，$30x=180$　$x=6$

これを①に代入して，$6+y=11$　$y=5$
よって，消しゴム6個，ペン5本
この解は問題にあっている。

5 歩いた道のり800m，走った道のり400m

[解説] 歩いた道のりをxm，走った道のりをymとすると，
$$\begin{cases} x+y=1200 & \cdots① \\ \dfrac{x}{50}+\dfrac{y}{200}=18 & \cdots② \end{cases}$$
②の両辺を200倍すると，
$4x+y=3600$…③
③-①より，$x=800$
これを①に代入して，$y=400$
よって，歩いた道のり800m，
　　　　　走った道のり400m
この解は問題にあっている。

6 今年の男子231人，女子252人

[解説] 昨年の男子の生徒数をx人，女子の生徒数をy人とすると，
$$\begin{cases} x+y=450 & \cdots① \\ \dfrac{10}{100}x+\dfrac{5}{100}y=33 & \cdots② \end{cases}$$
②×100-①×5より，$x=210$
これを①に代入して，$210+y=450$
$y=240$
今年の男子は，
$210+210\times\dfrac{10}{100}=231$（人）

女子は，$240+240\times\dfrac{5}{100}=252$（人）
この解は問題にあっている。

数魔小太郎からの**挑戦状**

[答え] ① $10x+y$　② x　③ y　④ $10y+x$

[解説] （連立方程式を解こう！の答え）
(ii)の式を整理すると，$9y-9x=27$
両辺を9でわると，$-x+y=3$…(iii)
(i)+(iii)より，$2y=16$，$y=8$
これを(i)に代入して，$x+8=13$　$x=5$
よって，もとの自然数は58

19 1次関数について知ろう!

❶ 次の関数について，yをxの式で表しましょう。また，yはxの1次関数であるといえるか答えましょう。

(1) 面積が20cm^2の長方形の縦の長さ$x\text{cm}$，横の長さ$y\text{cm}$
（縦の長さ）×（横の長さ）＝（長方形の面積）より，

$\boxed{x} \times \boxed{y} = 20$　よって，$y = \dfrac{\boxed{20}}{\boxed{x}}$

したがって，yはxの1次関数と いえます・<u>いえません</u>。
正しい方に○をつけよう

(2) 分速300mで走る自転車がx分間走ったときの道のり$y\text{m}$
（道のり）＝（速さ）×（時間）より，

$y = \boxed{300} \times \boxed{x}$　よって，$y = \boxed{300x}$

したがって，yはxの1次関数と <u>いえます</u>・いえません。
正しい方に○をつけよう

(3) 10kmの道のりを歩くとき，$x\text{km}$歩いたときの，残りの道のり$y\text{km}$
（残りの道のり）＝（全体の道のり）−（歩いた道のり）より，

$y = \boxed{10} - \boxed{x}$　よって，$y = -\boxed{x} + \boxed{10}$

したがって，yはxの1次関数と <u>いえます</u>・いえません。
正しい方に○をつけよう

❷ 次の関数について，yがxの1次関数になっているものをすべて選び，記号で答えましょう。

ア　$y = -2x$　　イ　$y = x^2 - 5$　　ウ　$y = 3x + 1$　　エ　$3x + y = 7$

ア，ウ，エ

$y = -3x + 7$

---

20 変化の割合について知ろう!

❶ 1次関数$y = -2x + 3$について，次の問いに答えましょう。

(1) xの値が-4から2まで増加するときのyの増加量を求めましょう。

$x = -4$のとき，$y = -2 \times (-4) + 3 = \boxed{11}$

$x = 2$のとき，$y = -2 \times 2 + 3 = \boxed{-1}$

よって，$\boxed{-1} - \boxed{11} = \boxed{-12}$

(2) xの値が-4から2まで増加するときの変化の割合を，(1)の結果から求めましょう。

xの増加量は，$2 - (-4) = \boxed{6}$だから，

変化の割合$= \dfrac{y \text{の増加量}}{x \text{の増加量}} = \dfrac{-12}{\boxed{6}} = \boxed{-2}$

❷ 次の1次関数の変化の割合を求めましょう。

(1) $y = 2x - 3$
変化の割合は，
$y = ax + b$の
$\boxed{a}$と等しいから，
変化の割合は $\boxed{2}$

(2) $y = -x - 8$

変化の割合は，
$y = ax + b$の
aと等しいから，
変化の割合は -1
xの係数

(3) $y = \dfrac{1}{3}x - 4$
変化の割合は，
$y = ax + b$の
aと等しいから，
変化の割合は $\dfrac{1}{3}$
xの係数

---

21 1次関数のグラフをかこう!

❶ 次の1次関数のグラフをかきましょう。

(1) $y = 3x - 1$
xとyの関係を表に表すと，

x	-3	-2	-1	0	1	2	3
y	-10	-7	-4	$\boxed{-1}$	$\boxed{2}$	$\boxed{5}$	8

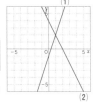

この表の点をとり，直線をかきます。
$y = 3x - 1$のグラフは$y = 3x$のグラフをy軸の負の方向に $\boxed{1}$ だけ平行移動したグラフです。

(2) $y = -2x + 4$
$y = -2x + 4$に$x = 0$を代入して，$y = 4$
　　　　　　　　$x = 1$を代入して，$y = -2 + 4 = 2$
よって，2点$(0, 4)$，$(1, 2)$を通る直線をかきます。

❷ 次の各組の1次関数で，イのグラフはアのグラフをどのように平行移動したグラフですか。

(1) $\begin{cases} ア　y = 2x \\ イ　y = 2x + 3 \end{cases}$

y軸の正の方向に $\boxed{3}$ だけ平行移動したグラフです。

(2) $\begin{cases} ア　y = -4x \\ イ　y = -4x - 5 \end{cases}$

y軸の負の方向に $\boxed{5}$ だけ平行移動したグラフです。

---

22 グラフの傾きと切片について知ろう!

❶ 次の1次関数のグラフの傾きと切片を答えてグラフをかきましょう。

(1) $y = 2x - 4$
切片は，$\boxed{-4}$だから，点$(0, \boxed{-4})$を通ります。
$y = ax + b$のbの値
傾きは，$\boxed{2}$だから，xが1増加すると，yは
$\boxed{2}$増加するので，点$(1, \boxed{-2})$を通ります。
$y = ax + b$のaの値
この2点を通る直線をかきます。

(2) $y = -\dfrac{1}{2}x + 3$
切片は，3だから，点$(0, 3)$を通ります。
傾きは，$-\dfrac{1}{2}$だから，xが2増加すると，yは1減少するので，
点$(2, 2)$を通ります。この2点を通る直線をかきます。

❷ 右の直線の傾きと切片を読みとり，式を求めましょう。

点$(0, \boxed{1})$を通るので，切片は $\boxed{1}$ です。

また，xが1増加すると，yは $\boxed{2}$ 減少するので，

傾きは，$\boxed{-2}$ です。

よって，直線の式は，$y = \boxed{-2x + 1}$になります。

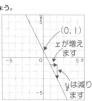

$(0, 1)$
xが増えます
yは減ります

❶ 1次関数 $y=3x+1$ で、x の変域を $-2≦x≦1$ とするとき、右のグラフをかいて y の変域を求めましょう。

$x=-2$ のとき、$y=3×(\boxed{-2})+1=\boxed{-5}$

$x=1$ のとき、$y=3×\boxed{1}+1=\boxed{4}$

y の変域は、$\boxed{-5}≦y≦\boxed{4}$

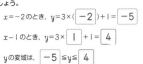

小さい値　大きい値

❷ 1次関数 $y=-\frac{1}{2}x+3$ で、x の変域を $-4≦x≦2$ とするとき、右のグラフをかいて y の変域を求めましょう。

$x=-4$ のとき、$y=-\frac{1}{2}×(-4)+3=5$

$x=2$ のとき、$y=-\frac{1}{2}×2+3=2$

y の変域は、$2≦y≦5$

小さい値　大きい値

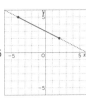

❶ 次の1次関数の式を求めましょう。

(1) 変化の割合が2で、$x=-3$ のとき $y=5$

変化の割合が2だから、この1次関数は、

$y=\boxed{2}x+b$ と表されます。

この式に、$x=-3$、$y=5$ を代入すると、

$\boxed{5}=2×(\boxed{-3})+b$

$b=\boxed{11}$

求める1次関数の式は、

$y=\boxed{2x+11}$

(2) 変化の割合が $\frac{1}{2}$ で、$x=6$ のとき $y=1$

変化の割合が $\frac{1}{2}$ だから、

この1次関数は、$y=\frac{1}{2}x+b$ と表されます。この式に、

$x=6$、$y=1$ を代入すると、

$1=\frac{1}{2}×6+b$　$b=-2$

求める1次関数の式は、

$y=\boxed{\frac{1}{2}x-2}$

(3) グラフの傾きが -4 で、点 $(5, -8)$ を通る

傾きが -4 だから、この1次関数は、

$y=\boxed{-4}x+b$ と表されます。

点 $(5, -8)$ を通るので、

$x=5$、$y=-8$ を代入すると、

$\boxed{-8}=-4×\boxed{5}+b$

$b=\boxed{12}$

求める1次関数の式は、

$y=\boxed{-4x+12}$

(4) グラフの傾きが $-\frac{2}{3}$ で、点 $(6, -2)$ を通る

傾きが $-\frac{2}{3}$ だから、この1次関数は、$y=-\frac{2}{3}x+b$ と表されます。点 $(6, -2)$ を通るので、$x=6$、$y=-2$ を代入すると、$-2=-\frac{2}{3}×6+b$　$b=2$

求める1次関数の式は、

$y=\boxed{-\frac{2}{3}x+2}$

❶ 次の1次関数の式を求めましょう。

(1) $x=-1$ のとき $y=5$、$x=2$ のとき $y=-4$ である1次関数

$x=-1$ のとき $y=5$、$x=2$ のとき $y=-4$ だから、

変化の割合 a は、$\dfrac{-4-\boxed{5}}{2-(\boxed{-1})}=\boxed{-3}$

この1次関数の式は $y=\boxed{-3}x+b$ と表されます。

$x=-1$、$y=5$ を代入すると、

$5=\boxed{-3}×(-1)+b$

$b=\boxed{2}$

求める1次関数の式は、$y=\boxed{-3x+2}$

(2) $x=-6$ のとき $y=-3$、$x=4$ のとき $y=-8$ である1次関数

$x=-6$ のとき $y=-3$、$x=4$ のとき $y=-8$ だから、

変化の割合 a は、$\dfrac{-8-(-3)}{4-(-6)}=-\frac{1}{2}$

この1次関数の式は $y=-\frac{1}{2}x+b$ と表されます。

$x=-6$、$y=-3$ を代入すると、←$x=4$、$y=-8$ でもよい

$-3=-\frac{1}{2}×(-6)+b$　$b=-6$

求める1次関数の式は、$y=-\frac{1}{2}x-6$

❶ 次の方程式のグラフをかきましょう。

(1) $2x+y+1=0$

$2x+y+1=0$ を y について解くと、

$y=\boxed{-2}x-1$

この方程式のグラフは傾きが $\boxed{-2}$

切片が $\boxed{-1}$ の直線になります。

(2) $6x+2y=8$

$6x+2y=8$ を y について解くと、

$2y=-6x+8$

$y=-3x+4$　←両辺を2でわります

この方程式のグラフは傾きが -3、切片が4の直線になります。

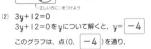

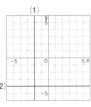

❷ 次の方程式のグラフをかきましょう。

(1) $4x+8=0$

$4x+8=0$ を x について解くと、$x=\boxed{-2}$

このグラフは、点 $(\boxed{-2}, 0)$ を通り、

$\boxed{x軸}$・$y軸$ に平行な直線になります。

(2) $3y+12=0$

$3y+12=0$ を y について解くと、$y=\boxed{-4}$

このグラフは、点 $(0, \boxed{-4})$ を通り、

$x軸$・$\boxed{y軸}$ に平行な直線になります。

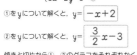

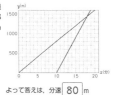

ステージ 27　交点の座標　交点の座標を求めよう！

❶ 連立方程式 $\begin{cases} x+y=2 & \cdots ① \\ 3x-2y=6 & \cdots ② \end{cases}$ の解を，グラフを利用して求めましょう。

①を y について解くと，$y=\boxed{-x+2}$

②を y について解くと，$y=\boxed{\dfrac{3}{2}}x-3$

傾きと切片から①，②のグラフをそれぞれかくと，
右の図のようになります。

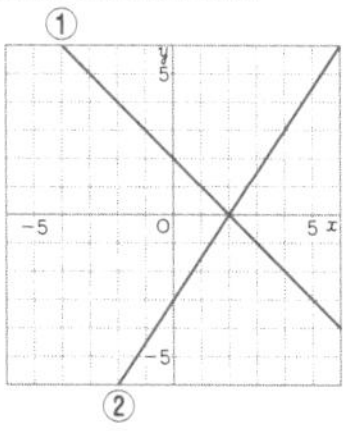

①，②の交点の座標は，（ $\boxed{2}$ ， $\boxed{0}$ ）です。

よって，解は，$x=\boxed{2}$，$y=\boxed{0}$ になります。

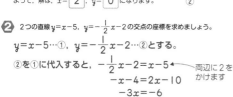

❷ 2つの直線 $y=x-5$，$y=-\dfrac{1}{2}x-2$ の交点の座標を求めましょう。

$y=x-5\cdots①$，$y=-\dfrac{1}{2}x-2\cdots②$ とする。

②を①に代入すると，$-\dfrac{1}{2}x-2=x-5$ ◀── 両辺に2を
かけます

$-x-4=2x-10$

$-3x=-6$

$x=2$ ◀── 交点の x 座標

$x=2$ を①に代入すると，

$y=2-5=-3$ ◀── 交点の y 座標

よって，交点の座標は，（2，−3）

ステージ 28　1次関数のグラフの利用　1次関数のグラフを読みとろう！

❶ 増太郎が8時に家を出発して1600m離れた図書館まで歩きます。右の図は，増太郎が出発してから x 分後の家からの道のり y m の関係を表したグラフです。

(1) 増太郎の速さを求めましょう。

増太郎は1600m離れた図書館まで，

$\boxed{20}$ 分かかっているので，

増太郎の歩く速さは，$\dfrac{1600}{\boxed{20}}=\boxed{80}$
速さ＝道のり÷時間

よって答えは，分速 $\boxed{80}$ m

(2) 増太郎が出発してから10分後に，増太郎のわすれ物を持った小太郎が家を出発して，分速180mで自転車に乗って追いかけました。小太郎が増太郎に追いついたのは8時何分ですか。グラフを利用して求めましょう。

小太郎は10分後に家を出発したから，グラフは点（10，$\boxed{0}$）を通ります。

小太郎のグラフの式は，$y=180x+b$ とおけて，

点（10，$\boxed{0}$）を通るので，$x=10$，$y=\boxed{0}$ を代入すると，

$0=180×10+b$　$b=\boxed{-1800}$

増太郎のグラフの式は，$y=80x\cdots①$

小太郎のグラフの式は，$y=180x-\boxed{1800}\cdots②$

①，②を連立方程式として解くと，

$x=\boxed{18}$，$y=\boxed{1440}$

小太郎が増太郎に追いつくのは増太郎が出発してから $\boxed{18}$ 分後なので，

答えは，8時 $\boxed{18}$ 分

確認テスト　③章

1 イ，ウ

解説 $y=ax+b$ の形を探すと，**イ**。
ウの比例も１次関数である。

2 y の増加量…12，変化の割合…3

解説 $x=2$ のとき $y=11$，$x=6$ のとき $y=23$
x の増加量は，$6-2=4$
y の増加量は，$23-11=12$
変化の割合は，$\dfrac{12}{4}=3$

3

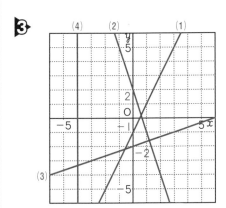

解説 (1)傾きが2，切片が－1
(2)傾きが－3，切片が2
(3)傾きが $\dfrac{1}{3}$，切片が－2
(4)点(－4，0)を通り，y 軸に平行な直線

4 $-5\leqq y\leqq 5$

解説 $x=-2$ のとき，$y=-2\times(-2)+1=5$
$x=3$ のとき，$y=-2\times 3+1=-5$
よって，y の変域は $-5\leqq y\leqq 5$

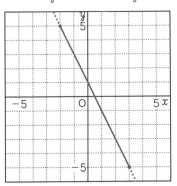

5 (1)$y=3x-7$　　(2)$y=4x-6$

解説 (1)変化の割合が3より，$y=3x+b$
これに，$x=2$，$y=-1$ を代入すると，
$-1=3\times 2+b$　$-1=6+b$　$b=-7$
よって，求める式は，$y=3x-7$

(2)傾きは，$\dfrac{10-(-2)}{4-1}=\dfrac{12}{3}=4$
$y=4x+b$ に $x=1$，$y=-2$ を代入すると，
$-2=4\times 1+b$　$-2=4+b$　$b=-6$
よって，求める式は，$y=4x-6$

6 $\left(-3,\ -\dfrac{3}{2}\right)$

解説 直線①の傾きは $-\dfrac{1}{2}$，切片は－3だから，
$y=-\dfrac{1}{2}x-3\cdots$①
直線②の傾きは $\dfrac{3}{2}$，切片は3だから，
$y=\dfrac{3}{2}x+3\cdots$②
①，②を連立方程式として解くと，
$-\dfrac{1}{2}x-3=\dfrac{3}{2}x+3$
$-4x=12$
$x=-3$
これを①に代入すると，
$y=-\dfrac{1}{2}\times(-3)-3=-\dfrac{3}{2}$
よって，交点の座標は，$\left(-3,\ -\dfrac{3}{2}\right)$

数魔小太郎からの挑戦状

答え ①3　②6　③0　④9　⑤9
⑥6　⑦27

解説 下の図のようになる。

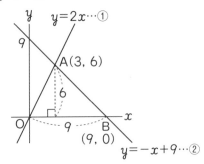

12

29 対頂角・同位角・錯角をおぼえよう！

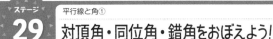

❶ 次の図で、∠x、∠yの大きさを求めましょう。

(1)

28°　　x

対頂角 は等しいから、

∠x＝ 28 °

(2)

36°　　y
　　x　54°

一直線の角は 180 °だから、

∠x＝180°－(36°＋54°)

　　＝ 90 °

∠xと∠yは 対頂角 だから、

∠y＝ 90 °

❷ 右の図において、次の問いに答えましょう。

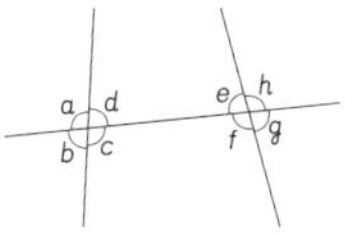

(1) 図の∠a〜∠hの角のうち、同位角となる2つの角の組をすべて書きましょう。

∠aと∠e、∠bと∠f、∠cと∠g、
∠dと∠h

(2) 図の∠a〜∠hの角のうち、錯角となる2つの角の組をすべて書きましょう。

∠cと∠e、∠dと∠f

30 平行線と角の関係を知ろう！

❶ 次の図で、ℓ∥mのとき、∠xの大きさを求めましょう。

(1)

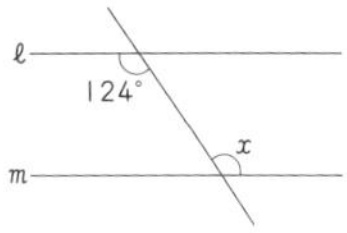

ℓ
124°
m　　x

(2)

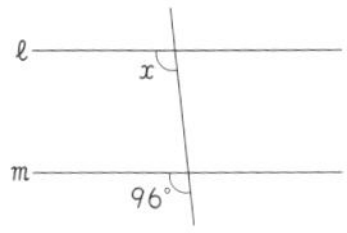

ℓ　　x
m　　96°

(1) 平行線の 錯角 は等しいから、∠x＝ 124 °

(2) 平行線の 同位角 は等しいから、∠x＝ 96 °

❷ 右の図で、直線aとb、直線cとdはそれぞれ平行といえますか。

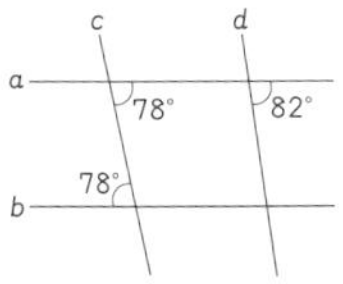

直線aとbに注目すると、

錯角が等しいと (いえる)・いえない から、
　　　　　　　　└ 正しい方に○をつけよう

平行であると (いえます)・いえません 。
　　　　　　　└ 正しい方に○をつけよう

直線cとdに注目すると、

同位角が等しいと いえる・(いえない) から、
　　　　　　　　　└ 正しい方に○をつけよう

平行であると いえます・(いえません) 。
　　　　　　　└ 正しい方に○をつけよう

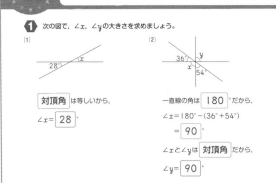

31 三角形の内角と外角について知ろう！

❶ 次の図で、∠xの大きさを求めましょう。

(1)

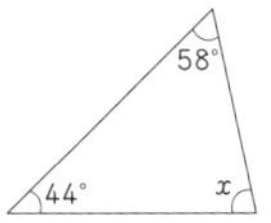

58°
44°　　x

∠x＝180°－(44°＋ 58 °)

　　＝ 78 °
　　└ x以外の内角の和

(2)

x
38°

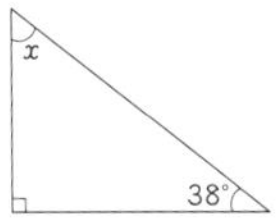

∠x＝180°－(90°＋38°)
　　＝52°
　　　└ 2つの内角の和

(3)

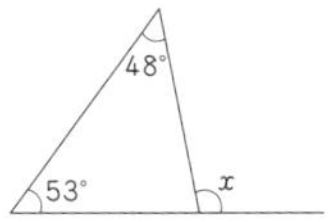

48°
53°　　x

∠x＝53°＋ 48 °
　　└xととなり合わない2つの内角の和

　　＝ 101 °

(4)

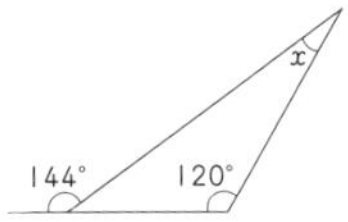

144°　120°　x

∠x＝144°－120°
　　＝24°
　　└ 外角　└ 144°と
　　　　　　となり合わない
　　　　　　内角

32 内角の和と外角の和を求めよう！

❶ 次の図で、∠xの大きさを求めましょう。

(1)

67°
x
58°　　100°

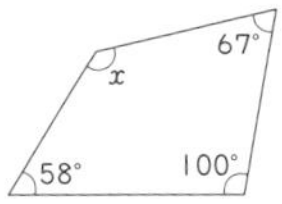

四角形の内角の和は、

180°×(4 －2)＝ 360 °
　　　　└四角形

よって、

∠x＝360°－(58°＋100°＋ 67 °)
　　＝360°－225°
　　＝ 135 °

(2)

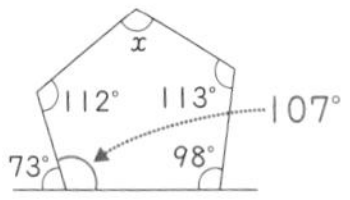

x
112°　113°　107°
73°　　98°

五角形の内角の和は、

180°×(5－2)＝540°
180°－73°＝107°

よって、

∠x＝540°－(112°＋107°
　　　　　＋98°＋113°)　x以外
　　＝540°－430°　の内角
　　＝110°　の和

❷ 次の問いに答えましょう。

(1) 正八角形の1つの内角の大きさを求めましょう。

八角形の内角の和は、180°×(8 －2)＝ 1080 °

正八角形の内角はすべて等しいので、 1080 °÷8＝ 135 °
　　　　　　　　　　　　　　　　　　└ 正八角形の内角の和

(2) 正十角形の1つの外角の大きさを求めましょう。

正十角形の外角の和は、360°
よって、360°÷10＝36°

33 合同な図形について知ろう!

❶ 右の図の2つの四角形は合同です。
このとき、次の問いに答えましょう。

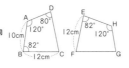

(1) 2つの四角形が合同であることを、合同の記号「≡」を使って表しましょう。

四角形ABCD≡ 四角形 HEFG
　　　　　　　　対応順に注意!

(2) 頂点Gに対応する頂点を答えましょう。

頂点Gに対応する頂点は、頂点 D です。
重なり合う頂点

(3) 辺HEの長さを求めましょう。

辺HEに対応する辺は、辺 AB より、HE= AB = 10 cm
　　　　　　　　　　重なり合う辺

(4) ∠Fの大きさを求めましょう。

∠Fに対応する角は、∠ C です。
　　　　　　重なり合う角

四角形の内角の和は、180°×(4−2)=360°なので、

∠F=∠ C =360°−(120°+82°+ 80 °)= 78 °

34 三角形の合同条件をおぼえよう!

❶ 次の図の三角形を、合同な三角形の組に分けましょう。また、そのときに使った合同条件を答えましょう。

① 2組の辺とその間の角 がそれぞれ等しいから、△ABC≡ QRP

② 3組の辺 がそれぞれ等しいから、△DEF≡△ LKJ

③ 1組の辺とその両端の角 がそれぞれ等しいから、△GHI≡△ NOM

❷ 次の図において、合同な三角形を、記号「≡」を使って表しましょう。また、そのときに使った三角形の合同条件を答えましょう。ただし、同じ印をつけた辺や角は、それぞれ等しいものとします。

(1)

三角形の辺が重なっています

△ABD≡△ACD
2組の辺とその間の角がそれぞれ等しい

(2)

三角形の辺が重なっています

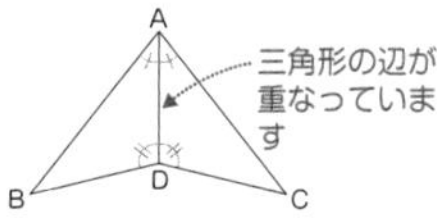

△ABD≡△ACD
1組の辺とその両端の角がそれぞれ等しい

35 仮定と結論を理解しよう!

❶ 次のことがらについて、仮定と結論を答えましょう。

(1) a=bならば、a+c=b+cである。

仮定… a=b ←「ならば」の前の部分

結論… a+c=b+c ←「ならば」のあとの部分

(2) △ABCで、∠A=90°ならば、∠B+∠C=90°である。

仮定…∠A=90° ←「ならば」の前の部分
結論…∠B+∠C=90° ←「ならば」のあとの部分

❷ 次のことがらについて、仮定と結論を図の記号を使って式で表しましょう。

(1) 錯角が等しいならば、2つの直線は平行である。

仮定… ∠x=∠y ← 錯角が等しい

結論… ℓ//m ← 2つの直線は平行

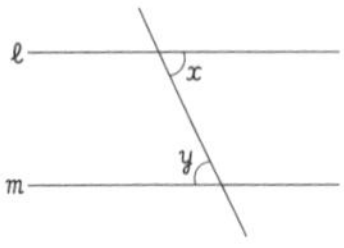

(2) 2つの三角形の3組の辺がそれぞれ等しいならば、2つの三角形は合同である。

仮定…AB=DE、BC=EF、CA=FD ← 3組の辺がそれぞれ等しい

結論…△ABC≡△DEF ← 2つの三角形は合同

36 合同の証明の書き方をおぼえよう!

❶ 右の図で、AC//DB、CO=DOならば、△ACO≡△BDOであることを証明しましょう。

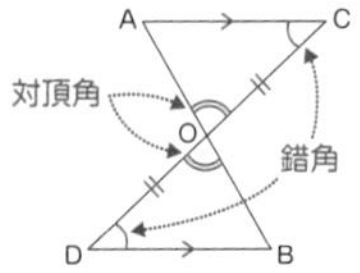

対頂角
錯角

(仮定) AC//DB、CO= DO ←問題文から読みとります

(結論) △ACO≡△ BDO

(証明) △ACOと△ BDO において、

仮定より、CO= DO …①

AC//DBより、錯角が等しいから、
　　　　　　　　　　　錯角

∠ACO=∠ BDO …②

対頂角は等しいから、∠AOC=∠ BOD …③

①、②、③より、

1組の辺とその両端の角 がそれぞれ等しいから、
　　　　　　　　　　　　　　合同条件

△ACO≡△ BDO

等しい辺や角に印をつけると解きやすい。

14

1 (1)∠x＝69°　　(2)∠x＝101°

解説　対頂角が等しいことを利用する。
　　　(2)∠x＝180°－(23°＋56°)＝101°

2 (1)∠x＝132°　　(2)∠x＝61°

解説　(1)錯角が等しいことを利用する。
　　　(2)同位角, 対頂角が等しいことを利用する。

3 (1)∠x＝66°　　(2)∠x＝49°

解説　(1)三角形の内角の和は180°になることを利
　　　用する。
　　　∠x＝180°－(43°＋71°)＝66°
　　　(2)三角形の外角はそれととなり合わない2つ
　　　の内角の和と等しいことを利用する。
　　　∠x＝88°－39°＝49°

4 正八角形

解説　1つの外角の大きさが45°で, 正多角形の外
　　　角の和は360°だから,
　　　360°÷45°＝8
　　　よって, 正八角形。

5 (1)合同な三角形：△ABC≡△CDA
　　　合同条件：3組の辺がそれぞれ等しい
　　(2)合同な三角形：△AOD≡△COB
　　　合同条件：2組の辺とその間の角がそれ
　　　ぞれ等しい

解説　(1)仮定より, AB＝CD…①
　　　　　　　　BC＝DA…②
　　　共通な辺より, AC＝CA…③
　　　①, ②, ③より,
　　　3組の辺がそれぞれ等しいから,
　　　△ABC≡△CDA
　　　(2)仮定より, OD＝OB…①
　　　　　　　　OA＝OC…②
　　　対頂角は等しいから,
　　　∠AOD＝∠COB…③
　　　①, ②, ③より,

2組の辺とその間の角がそれぞれ等しいから,
△AOD≡△COB

6 △ABCと△DCBにおいて,
　仮定より, AB＝DC…①
　　　　　　AC＝DB…②
　共通な辺だから, BC＝CB…③
　①, ②, ③より,
　3組の辺がそれぞれ等しいから,
　△ABC≡△DCB
　よって, ∠A＝∠D

数魔小太郎からの挑戦状

答え　①540　②108　③49　④ABF
　　　⑤59

解説　①180°×(5－2)＝540°
　　　②540°÷5＝108°
　　　③180°－23°－108°＝49°
　　　⑤108°－49°＝59°

二等辺三角形の性質をおぼえよう!

1 次の図で，AB＝ACであるとき，∠xの大きさを求めましょう。

(1)

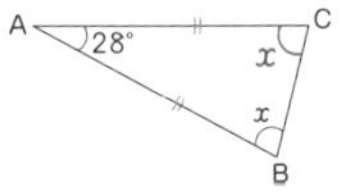

(2) B （180°−46°）÷2 ＝67°

AB＝ACより，
∠Bと∠Cは二等辺三角形の底角だから，
∠B＝∠Cなので，

∠x＝（180°− 28 °）÷2

＝ 76 °
（2つの底角の和）

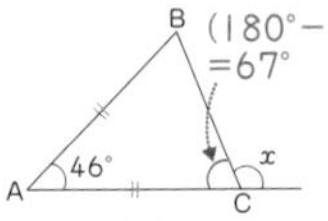

∠ABC＝∠ACBより，
∠ACB＝（180°−46°）÷2＝67°
∠x＝180°−67°＝113°
2つの底角の和

2 右の図の，AB＝ACである二等辺三角形ABCで，BD＝CEとなる点D，Eを辺AB，AC上にとるとき，△DBC≡△ECBであることを証明しましょう。

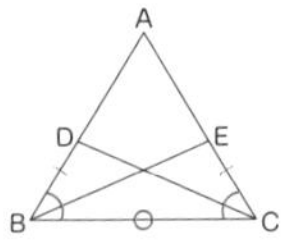

（証明）△DBCと△ECBにおいて，

仮定より，BD＝ CE …①

共通な辺だから，BC＝ CB …②

∠DBCと∠ECBは二等辺三角形の底角だから，∠DBC＝∠ ECB …③
（二等辺三角形の2つの底角は等しい）

①，②，③より， 2組の辺とその間の角 がそれぞれ等しいから，

△DBC≡△ECB

二等辺三角形になるための条件を知ろう!

1 次の図で，長さの等しい線分を答えましょう。

(1)

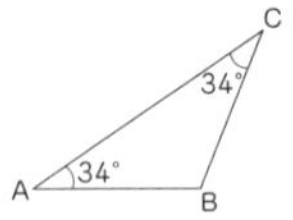

(2) A 180°−（90°＋45°）

∠A＝∠C＝ 34 °だから，
△ABCは∠A，∠Cを底角とする
二等辺三角形
（2つの角が等しい）
よって，BA＝ BC

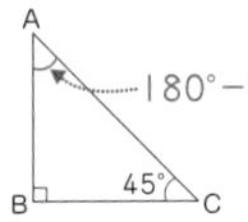

∠A＝180°−（90°＋45°）＝45°
∠A＝∠C＝45°だから，
△ABCは∠A，∠Cを底角とする（直角）二等辺三角形
よって，BA＝BC

2 右の図で，BD＝CE，BE＝CDのとき，△ABCは二等辺三角形になることを証明しましょう。

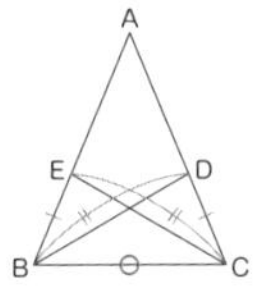

（証明）△BECと△CDBにおいて，

仮定より，BE＝ CD …①，CE＝ BD …②

共通な辺だから，BC＝ CB …③

①，②，③より， 3組の辺 がそれぞれ等しいから，
（三角形の合同条件）

△BEC≡△CDB

したがって，∠EBC＝∠ DCB

2つの角 が等しいから，△ABCは二等辺三角形になります。

定理の逆を知ろう!

1 次のことがらの逆を答えましょう。また，それが正しいかどうかも答えましょう。

(1) 2つの直線が平行ならば，同位角は等しい。

逆… 同位角が等しい ならば， 2つの直線は平行 です。

これは， 正しい ・正しくない です。
（正しい方に○をつけよう）

(2) 2つの自然数m，nについて，m，nがともに偶数ならば，m＋nは偶数です。

逆…2つの自然数m，nについて，

m＋nが偶数 ならば， m，nはともに偶数 です。

これは， 正しい・ 正しくない です。
（正しい方に○をつけよう）

m，nがともに奇数でも
m＋nは偶数

(3) △ABCと△DEFで，△ABC≡△DEFならば，AB＝DEです。

逆…△ABCと△DEFで，

AB＝DE ならば， △ABC≡△DEF です。

これは， 正しい・ 正しくない です。
（正しい方に○をつけよう）

1辺が等しいだけでは
合同とはいえません

正三角形の性質をおぼえよう!

1 右の図の△ABCで，∠A＝∠B＝∠Cならば，AB＝BC＝CAであることを証明しましょう。

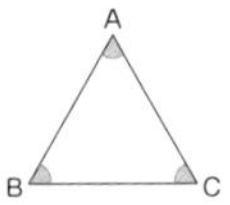

（証明）∠B＝∠Cの二等辺三角形とすると，AB＝ AC …①

∠A＝∠Bの二等辺三角形とすると，CA＝ CB …②

①，②より，AB＝ BC ＝ CA

2 右の図の四角形ABCDは正方形であり，印をつけた辺がすべて等しいとき，∠AEDの大きさを求めましょう。 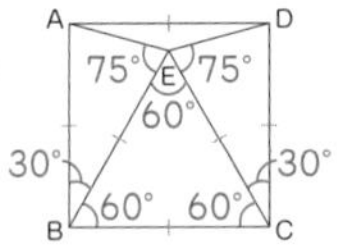
EB＝BC＝CEより，

△EBCは 正三角形 だから，

∠BEC＝∠EBC＝∠ECB＝ 60 °

∠ABE＝∠DCE＝90°−60°＝30°
BA＝BEより，∠BEAと∠BAEは二等辺三角形の底角だから，

∠BEA＝（180°−30°）÷2＝ 75 °

CD＝CEより，∠CEDと∠CDEは二等辺三角形の底角だから，

∠CED＝（180°−30°）÷2＝ 75 °

よって，∠AED＝360°−（ 60 °＋ 75 °＋ 75 °）

＝ 150 °
∠BEC＋∠BEA＋∠CED

直角三角形の合同条件を知ろう!

1 次の図の三角形を、合同な直角三角形の組に分けましょう。また、そのときに使った直角三角形の合同条件を答えましょう。

① 直角三角形の 斜辺と他の1辺 がそれぞれ等しいから、△ABC≡△ ONM

② 直角三角形の 斜辺と1つの鋭角 がそれぞれ等しいから、△DEF≡△ LKJ

2 右の図のAB＝ACの二等辺三角形ABCで、底辺BCの中点をMとして、MからAB、ACにおろした垂線をそれぞれMD、MEとします。このとき、△BMD≡△CMEであることを証明しましょう。

（証明）△BMDと△CMEにおいて、

仮定より、AB＝ACだから、∠DBM＝∠ ECM …①　← 二等辺三角形の底角は等しい

MはBCの中点だから、BM＝ CM …②

∠BDM＝∠ CEM ＝90°…③

①、②、③より、直角三角形の 斜辺と1つの鋭角 がそれぞれ等しいから、△BMD≡△CME

平行四辺形の性質を知ろう!

1 次の図の平行四辺形で、x、yの値をそれぞれ求めましょう。

(1)
平行四辺形の2組の 対辺 はそれぞれ等しいから、$x=$ 8

平行四辺形の2組の 対角 はそれぞれ等しいから、$y=$ 70

(2)
平行四辺形の対角線はそれぞれの中点で交わるから、

$x=4$

$y=10÷2=5$

2 右の図の平行四辺形ABCDで、AE＝CFのとき、△ABE≡△CDFとなることを証明しましょう。

（証明）△ABEと△CDFにおいて、

仮定より、AE＝ CF …①

平行四辺形の2組の 対辺 はそれぞれ等しいから、

AB＝ CD …②

平行四辺形の2組の 対角 はそれぞれ等しいから、

∠BAE＝∠ DCF …③

①、②、③より、 2組の辺とその間の角 がそれぞれ等しいから、

△ABE≡△CDF

平行四辺形になるための条件を知ろう!

1 四角形ABCDの辺や角の間に次の関係があるとき、必ず平行四辺形になりますか。

(1) AB＝DC、AD＝BC

2組の対辺 がそれぞれ等しいから、

四角形ABCDは必ず平行四辺形に

なります ・ なるとはいえません 。
← 正しい方に○をつけよう

(2) OA＝OC、OB＝OD

対角線 がそれぞれの 中点 で交わるから、

四角形ABCDは必ず平行四辺形に

なります ・ なるとはいえません 。
← 正しい方に○をつけよう

(3) AD∥BC、AB＝DC

1組の対辺が平行で、平行ではない対辺の長さが等しくても、四角形ABCDは平行四辺形になるとはいえません。

(4) AB∥DC、AD∥BC

2組の対辺がそれぞれ平行だから、四角形ABCDは必ず平行四辺形になります。

2 右の図の平行四辺形ABCDの辺AB、CDの中点をそれぞれM、Nとします。このとき、四角形MBNDが平行四辺形になることを証明しましょう。

（証明）AB＝DCで、M、NはそれぞれAB、CDの中点だから、

MB＝ DN …①

AB∥DCだから、MB∥ DN …②

①、②から、 1組の対辺が平行でその長さ が等しいから、

四角形MBNDは平行四辺形になります。

特別な平行四辺形について知ろう!

1 平行四辺形ABCDの辺や角について、次の関係があるとき、平行四辺形ABCDはどんな四角形になりますか。

(1) AB＝BC

AB＝BCより、AB＝BC＝CD＝DAとなり、 4つの辺 が等しいから、

平行四辺形ABCDは ひし形 になります。

(2) AC＝BD

AC＝BDより、 対角線の長さ が等しいから、

平行四辺形ABCDは 長方形 になります。

(3) ∠A＝90°、AB＝BC

∠A＝90°より、 4つの角 が等しく、

AB＝BCより、 4つの辺 が等しいから、

平行四辺形ABCDは 正方形 になります。

ステージ 45

平行線と面積

平行線と面積の関係をおぼえよう!

1 右の図の平行四辺形ABCDで，対角線の交点をOとするとき，次の問いに答えましょう。

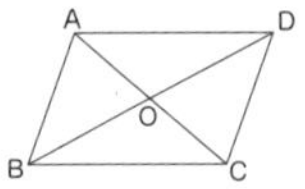

(1) △ABCと面積の等しい三角形を3つ書きましょう。

・BCを底辺とみると，AD//BCより，高さが等しいから，△ABC=△ DBC

・ABを底辺とみると，AB//DCより，高さが等しいから，△ABC=△ ABD

・△ABC=△ABD…①
ADを底辺とみると，AD//BCより，高さが等しいから，
△ABD=△ ACD …②
①，②より，△ABC=△ ACD

(2) △AOBと面積の等しい三角形を3つ書きましょう。

・△ABC=△DBCで，△AOB=△ABC−△OBC，
△DOC=△DBC−△OBCだから，△AOB=△DOC

・平行四辺形ABCDより，AO=CO
底辺と高さが等しいから，△AOB=△COB

・平行四辺形ABCDより，BO=DO
底辺と高さが等しいから，△AOB=△AOD

1 (1)∠x＝76° 　　(2)∠x＝109°

解説 二等辺三角形の2つの底角は等しいことを利
用する。
(1)∠x＝180°－52°×2＝76°
(2)∠ABC＝(180°－38°)÷2＝71°
∠x＝180°－71°＝109°

2 (1)逆：△ABCにおいて，∠A＝∠Bならば，
AC＝BCである。
正しいか：正しい
(2)逆：$a+b$＞0ならば，a＞0，b＞0である。
正しいか：正しくない

解説 (1)2つの角が等しい三角形は，その2つの角
を底角とする二等辺三角形だから，正しい。
(2)a＝3，b＝－2のとき，$a+b$＞0であるが，
a＞0，b＞0を満たさないので，正しくない。

3 (1)合同な直角三角形：△ABD≡△CBD
合同条件：直角三角形の斜辺と他の1辺
がそれぞれ等しい
(2)合同な直角三角形：△ABD≡△CDB
合同条件：直角三角形の斜辺と1つの鋭
角がそれぞれ等しい

解説 (1)仮定より，AB＝CB…①
∠BAD＝∠BCD＝90°…②
共通な辺より，BD＝BD…③
①，②，③より，
直角三角形の斜辺と他の1辺がそれぞれ等
しいから，
△ABD≡△CBD
(2)仮定より，
∠BAD＝∠DCB＝90°…①
∠ADB＝∠CBD…②
共通な辺より，BD＝DB…③

①，②，③より，
直角三角形の斜辺と1つの鋭角がそれぞれ
等しいから，
△ABD≡△CDB

4 △ABEと△CDFにおいて，
仮定より，BE＝DF…①
平行四辺形の2組の対辺はそれぞれ等しい
から，AB＝CD…②
AB∥DCより，錯角は等しいから，
∠ABE＝∠CDF…③
①，②，③より，
2組の辺とその間の角がそれぞれ等しいから，
△ABE≡△CDF
よって，AE＝CF

5 (1)○ 　　(2)長方形 　　(3)○

解説 (1)4つの角が等しい四角形は長方形である。
(2)対角線の長さが等しい平行四辺形は，長方
形である。
(3)4つの辺の長さが等しい四角形はひし形で
あり，対角線は垂直に交わる。

6 △AFC，△AEC，△AED

解説 AD∥FCで，FCが共通だから，
△DFC＝△AFC
EF∥ACで，ACが共通だから，
△AFC＝△AEC
DC∥AEで，AEが共通だから，
△AEC＝△AED

数魔小太郎からの挑戦状

答え ①CBE 　②錯角 　③CEB
④二等辺三角形 　⑤CE 　⑥2

解説 △BCEが二等辺三角形になることに注目する。
⑥8－6＝2(cm)

ステージ 46 　確率とその求め方①

確率の表し方をおぼえよう!

❶ 赤玉3個，青玉2個，白玉4個が入っている袋から玉を1個取り出すとき，白玉を取り出す確率を求めましょう。

袋の中の玉の個数は全部で9個だから，
　　　　　赤玉3個，青玉2個，白玉4個
玉の取り出し方は全部で $\boxed{9}$ 通りあり，
　　　　　すべての場合の数
どの玉の取り出し方も同様に確からしいです。

白玉の取り出し方は，$\boxed{4}$ 通りあります。

よって，求める確率は，$\dfrac{4}{9}$ です。

❷ 1，2，3，4，5，6，7，8の数字が1つずつ書かれた8枚のカードがあります。このカードをよくきって1枚ひくとき，ひいたカードに書かれた数が3の倍数である確率を求めましょう。

カードの枚数は全部で8枚だから，
カードのひき方は全部で8通りあり，　すべての場合の数
どのカードをひくことも同様に確からしい。
3の倍数の書かれたカードのひき方は，2通り。

よって，求める確率は，$\dfrac{2}{8} = \dfrac{1}{4}$

ステージ 47 　確率とその求め方②

樹形図をかいて確率を求めよう!

❶ A，Bの2人が1回だけじゃんけんをするとき，次の問いに答えましょう。

(1) 右の樹形図の続きを完成させましょう。ただし，グはグー，チはチョキ，パはパーを表します。

(2) Aが勝つ確率を求めましょう。

A，Bの2人のじゃんけんの手の組み合わせは，全部で $\boxed{9}$ 通りあり，どの手の組み合わせも同様に確からしいです。

このうち，Aが勝つ手の出し方は $\boxed{3}$ 通りあります。

よって，求める確率は，$\dfrac{3}{9} = \dfrac{1}{3}$ です。
　　　　　　　　　　　約分します

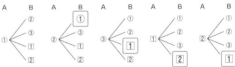

❷ 1，2，3，4の数字が1つずつ書かれた4枚のカードがあります。これらのカードをよくきって1枚ずつ2回続けて取り出し，ひいた順にカードを並べて2けたの整数をつくるとき，この整数が偶数になる確率を求めましょう。

カードのひき方を右の図のように表します。カードのひき方は全部で12通りあり，どの整数ができることも同様に確からしい。
このうち，偶数は6通り。

よって，求める確率は，$\dfrac{6}{12} = \dfrac{1}{2}$

2…12　　1…31
1 3…13　　3 2…32
4…14　　　4…34
1…21　　1…41
2 3…23　4 2…42
4…24　　　3…43

ステージ 48 　確率の利用①

さいころの確率を求めよう!

❶ 大小2つのさいころを同時に投げるとき，表の空らんをうめて，次の確率を求めましょう。

(1) 出る目の数の和が2になる確率

右の表より，2つのさいころの目の出方は全部で $\boxed{36}$ 通りあります。出る目の数の和が2になるのは（1，1）の1通りだから，

求める確率は，$\dfrac{1}{36}$ です。

大＼小	1	2	3	4	5	6
1	2	3	4	5	6	7
2	3	4	5	6	7	8
3	4	5	6	7	8	9
4	5	6	7	8	9	10
5	6	7	8	9	10	11
6	7	8	9	10	11	12

(2) 出る目の数の積が奇数になる確率

右の表より，2つのさいころの出る目の数の積が奇数になるのは，$\boxed{9}$ 通りあるから，

求める確率は，$\dfrac{9}{36} = \dfrac{1}{4}$ です。

大＼小	1	2	3	4	5	6
1	1	2	3	4	5	6
2	2	4	6	8	10	12
3	3	6	9	12	15	18
4	4	8	12	16	20	24
5	5	10	15	20	25	30
6	6	12	18	24	30	36

ステージ 49 　確率の利用②

くじびきの確率を求めよう!

❶ 3本のあたりくじが入った5本のくじがあり，Aが先に1本をひき，続いてBが1本をひきます。次の問いに答えましょう。

(1) あたりくじを①，②，③，はずれくじを1，2として，2人のくじのひき方を樹形図に表すとき，樹形図の続きを完成させましょう。

(2) Bがあたる確率を求めましょう。

樹形図から，A，B2人のくじのひき方は全部で $\boxed{20}$ 通りあります。
　　　　　　　　　　　　　　　　　(1)の樹形図より

また，Bがあたるのは，$\boxed{12}$ 通りだから，

求める確率は，$\dfrac{12}{20} = \dfrac{3}{5}$ です。

(3) 少なくとも1人はあたる確率を求めましょう。

A，Bのうち1人があたるのは $\boxed{12}$ 通り，

A，B2人ともあたるのは $\boxed{6}$ 通りあります。

少なくとも1人はあたるのは $\boxed{18}$ 通りあるから，

求める確率は，$\dfrac{18}{20} = \dfrac{9}{10}$ です。

50 いろいろな確率を求めよう!

確率の利用③

❶ 正方形ABCDの頂点Aに, 頂点を移動する点Pがあります。点Pは, 大小2つのさいころを同時に投げ, 出た目の数の和だけ, 左回りに頂点を順に移動します。点Pが頂点Aで止まる確率を求めましょう。

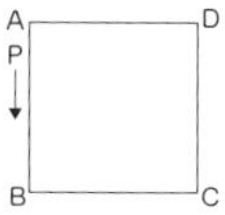

点Pが頂点Aで止まるのは, 出た目の和が,

$\boxed{4}$, $\boxed{8}$, $\boxed{12}$ になるときです。

2つのさいころの目の出方は36通りあって,

出た目の和が $\boxed{4}$, $\boxed{8}$, $\boxed{12}$ になる

のは, 右の表より, $\boxed{9}$ 通りあるから,

求める確率は, $\dfrac{\boxed{9}}{36} = \dfrac{1}{4}$ です。

大\小	1	2	3	4	5	6
1	2	3	④	5	6	7
2	3	④	5	6	7	⑧
3	④	5	6	7	⑧	9
4	5	6	7	⑧	9	10
5	6	7	⑧	9	10	11
6	7	⑧	9	10	11	⑫

❷ 右の図で, 点Pは数直線上の原点にあり, 点Pは1枚の硬貨を1回投げるごとに, 表が出れば正の方向に2, 裏が出れば負の方向に1動きます。1枚の硬貨を2回投げるとき, 点Pの座標が1になる確率を求めましょう。

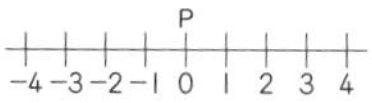

表が出るときを〇, 裏が出るときを×とすると, 硬貨を2回投げたときの表裏の出方は全部で, 4通りあり, どの場合が起こることも同様に確からしいです。

1回目　2回目　点Pの座標

〇 〈 〇 … 4
　　　× … 1
× 〈 〇 … 1
　　　× … −2

このうち, 点Pの座標が1になるのは, 2通りあるから,

求める確率は, $\dfrac{2}{4} = \dfrac{1}{2}$ です。

確認テスト　6章

1 (1) $\dfrac{1}{3}$　　(2) $\dfrac{1}{2}$

解説 カードのひき方は全部で6通り。
(1)5以上のカードが出るのは，5，6の
2通りより，求める確率は，$\dfrac{2}{6}=\dfrac{1}{3}$
(2)偶数のカードが出るのは，2，4，6の
3通りより，求める確率は，$\dfrac{3}{6}=\dfrac{1}{2}$

2 $\dfrac{1}{4}$

解説 表が出るときを○，裏が出るときを×として
樹形図をかくと，2枚の硬貨の出方は全部で
4通り。
このうち，2枚とも裏が出るのは1通りだか
ら，求める確率は，$\dfrac{1}{4}$

```
  A       B
  ○ ―― ○ … 表 表
      ―― × … 表 裏
  × ―― ○ … 裏 表
      ―― × … 裏 裏
```

3 (1) $\dfrac{5}{36}$　　(2) $\dfrac{1}{6}$　　(3) $\dfrac{3}{4}$

解説 さいころを2つ投げるときの目の出方は全部
で36通り。
(1)出る目の数の和が8になるのは5通りより，
求める確率は，$\dfrac{5}{36}$
(2)出る目の数の和が4以下になるのは6通り
より，$\dfrac{6}{36}=\dfrac{1}{6}$
(3)出る目の数の積が偶数になるのは，27通
りより，求める確率は，$\dfrac{27}{36}=\dfrac{3}{4}$

(1)黒色部分　(2)赤色部分　(3)

大/小	1	2	3	4	5	6
1	2	3	4	5	6	7
2	3	4	5	6	7	8
3	4	5	6	7	8	9
4	5	6	7	8	9	10
5	6	7	8	9	10	11
6	7	8	9	10	11	12

大/小	1	2	3	4	5	6
1	1	2	3	4	5	6
2	2	4	6	8	10	12
3	3	6	9	12	15	18
4	4	8	12	16	20	24
5	5	10	15	20	25	30
6	6	12	18	24	30	36

4 (1) $\dfrac{1}{2}$　　(2) $\dfrac{1}{2}$　　(3) $\dfrac{5}{6}$

解説 あたりくじを①，②，はずれくじを🄵，🄶と
して樹形図をかく。

```
① ―― ② ② ―― ① 🄵 ―― ① 🄶 ―― ①
   ―― 🄵    ―― 🄵    ―― ②    ―― ②
   ―― 🄶    ―― 🄶    ―― 🄶    ―― 🄵
```

(1)増太郎があたるのは6通りより，求める確
率は，$\dfrac{6}{12}=\dfrac{1}{2}$
(2)小太郎がはずれるのは6通りより，求める
確率は，$\dfrac{6}{12}=\dfrac{1}{2}$
(3)少なくとも1人はあたるのは10通りより，
求める確率は，$\dfrac{10}{12}=\dfrac{5}{6}$

5 $\dfrac{1}{4}$

解説 右の図より，同じ頂
点で止まるのは，
(大，小)=(1，3)，
(2，2)，(2，6)，
(3，1)，(3，5)，
(4，4)，(5，3)，
(6，2)，(6，6)の9通りある。
よって，求める確率は，$\dfrac{9}{36}=\dfrac{1}{4}$

数魔小太郎からの**挑戦状**

答え ①36　②5　③10　④4　⑤3
⑥7　⑦$\dfrac{7}{36}$

解説 さいころの出た
目の数の和が5
か10のときに
頂点Aにくる。

大/小	1	2	3	4	5	6
1	2	3	4	5	6	7
2	3	4	5	6	7	8
3	4	5	6	7	8	9
4	5	6	7	8	9	10
5	6	7	8	9	10	11
6	7	8	9	10	11	12

四分位数の求め方をマスターしよう!

1 下のデータは，女子10人のハンドボール投げの記録をまとめたものです。
次の問いに答えましょう。

8　10　11　13　14　15　16　18　19　20
(単位　m)

⑴ 四分位数を求めましょう。

第2四分位数は中央値だから，$\dfrac{\boxed{14}+15}{2}=\boxed{14.5}$(m)

第1四分位数は最小値をふくむ前半の5個のデータの中央値だから，$\boxed{11}$ m

第3四分位数は最大値をふくむ後半の5個のデータの中央値だから，$\boxed{18}$ m

⑵ 四分位範囲を求めましょう。

第3四分位数は $\boxed{18}$ m，第1四分位数は $\boxed{11}$ mだから，

四分位範囲は，$\boxed{18}-\boxed{11}=\boxed{7}$ (m)

箱ひげ図で表そう!

1 下のデータは，あるクラスで10回大なわとびを行ったときの跳んだ回数を表し
ています。次の問いに答えましょう。

16　3　18　13　6　7　11　19　14　10
(単位　回)

⑴ 最小値，最大値を求めましょう。
データを小さい方から順に並べると，

3　6　7　10　11　13　14　16　18　19

よって，最小値は $\boxed{3}$ 回，最大値は $\boxed{19}$ 回です。

⑵ 四分位数と四分位範囲を求めましょう。

第2四分位数は，10個のデータの中央値だから，$\dfrac{11+\boxed{13}}{2}=\boxed{12}$ (回)

第1四分位数は最小値をふくむ前半の5個のデータの中央値だから，$\boxed{7}$ 回

第3四分位数は最大値をふくむ後半の5個のデータの中央値だから，$\boxed{16}$ 回

四分位範囲は，$\boxed{16}-\boxed{7}=\boxed{9}$ (回)

⑶ 箱ひげ図をかきましょう。

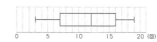

0　　5　　10　　15　　20 (回)

1 (1)ア 四分位数　　　　　イ 第1四分位数
　　　ウ 第2四分位数　　　エ 第3四分位数
(2)中央値　　(3)四分位範囲(しぶんいはんい)

2 (1)第1四分位数　10.5点
　　　第2四分位数　14点
　　　第3四分位数　17.5点
(2)7点

解説 (1)第2四分位数は，$\frac{13+15}{2}=14$(点)

　　　　第1四分位数は，$\frac{10+11}{2}=10.5$(点)

　　　　第3四分位数は，$\frac{17+18}{2}=17.5$(点)

　　　(2)四分位範囲は，第3四分位数と第1四分位
　　　　数の差だから，17.5－10.5＝7(点)

3 (1)最小値　15分　　　最大値　80分
(2)第1四分位数　35分
　　　第2四分位数　60分
　　　第3四分位数　70分
(3)35分

解説 (3)四分位範囲は，第3四分位数と第1四分位
　　　　数の差だから，70－35＝35(分)

4 (1)

	最小値	最大値
A	4	18
B	2	15

(単位　本)

(2)

	第1四分位数	第2四分位数	第3四分位数
A	6	9	13
B	5	8	11

(単位　本)

(3)

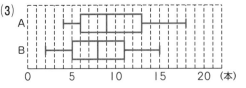

解説 (2)【Aさん】
　　　第2四分位数は，$\frac{8+10}{2}=9$(本)
　　　第1四分位数は，6本
　　　第3四分位数は，13本
　　　【Bさん】
　　　第2四分位数は，$\frac{8+8}{2}=8$(本)
　　　第1四分位数は，5本
　　　第3四分位数は，11本

数魔小太郎からの挑戦状

答え ウ

解説 ア…増太郎(ますたろう)のクラスのデータの範囲は，
　　　20－5＝15(点)
　　　数々丸(すずまる)のクラスのデータの範囲は，
　　　18－2＝16(点)だから，正しい。
　　イ…増太郎のクラスのいちばん高い得点は
　　　20点
　　　数々丸のクラスのいちばん高い得点は18
　　　点だから，正しい。
　　ウ…増太郎のクラスの四分位範囲は，
　　　18－10＝8(点)
　　　数々丸のクラスの四分位範囲は，
　　　15－6＝9(点)だから，正しくない。

②